QIXIANG SHUIWEN OUHE HONGSHUI YUBAO FANGFA
YANJIU JI YINGYONG

# 气象水文耦合洪水预报方法研究及应用

叶金印　李致家　张　珂◎著

河海大学出版社
HOHAI UNIVERSITY PRESS
·南京·

## 内容简介

本书介绍了基于多源降水信息的定量降水监测技术、基于数值预报模式的定量降水集成预报技术、基于定量降水监测的山洪预警方法、基于定量降水估算(QPE)和定量降水预报(QPF)的淮河上游洪水预报方法、欧洲中期天气预报中心(European Centre for Medium-Range Weather Forecasts，ECMWF)集合预报性能评估以及基于 ECMWF 的洪水集合预报实例试验。本书可作为从事应用气象、气象服务、水情防汛和水文水资源等专业科学工作者、工程技术人员和相关学科的参考书。

**图书在版编目(CIP)数据**

气象水文耦合洪水预报方法研究及应用 / 叶金印，李致家，张珂著. -- 南京 ：河海大学出版社，2022.4

ISBN 978-7-5630-7502-7

Ⅰ. ①气… Ⅱ. ①叶… ②李… ③张… Ⅲ. ①洪水预报—研究 Ⅳ. ①P338

中国版本图书馆 CIP 数据核字(2022)第 052245 号

**书　　名** 气象水文耦合洪水预报方法研究及应用
**书　　号** ISBN 978-7-5630-7502-7
**责任编辑** 章玉霞
**特约校对** 姚　婵
**装帧设计** 徐娟娟
**出版发行** 河海大学出版社
**地　　址** 南京市西康路 1 号(邮编：210098)
**电　　话** (025)83737852(总编室)　(025)83722833(营销部)　(025)83787107(编辑室)
**经　　销** 江苏省新华发行集团有限公司
**排　　版** 南京布克文化发展有限公司
**印　　刷** 苏州市古得堡数码印刷有限公司
**开　　本** 718 毫米×1000 毫米　1/16
**印　　张** 9
**字　　数** 164 千字
**版　　次** 2022 年 4 月第 1 版
**印　　次** 2022 年 4 月第 1 次印刷
**定　　价** 79.00 元

# 前 言

# PREFACE

洪水灾害是最常见、危害最大的一种自然灾害，也是威胁我国人民生命财产安全的最大自然灾害之一。从社会和经济发展角度来看，加强洪水预报方法的研究，减轻或避免洪水灾害带来的损失，是防洪减灾工作的重要任务和发展方向。洪水预报作为一项非常重要的防洪非工程措施，长期以来一直都是防汛指挥系统建设的核心内容。

水文预报是防洪减灾科学决策的重要依据和重要的非工程措施之一，它在防洪减灾中越来越发挥着不可替代的重要作用。延长洪水预报的预见期以及提高预报精度的有效途径是综合利用降水监测、预报信息，以更加丰富的信息驱动水文模型，从而建立起能满足洪水管理需求的实时水文气象综合洪水预报方法。定量降水估算（监测）及预报驱动水文模型，是提高洪水预报精度和延长预见期的重要手段之一。

本研究建立了一种基于多源降水信息的定量降水监测方法；基于多种数值预报模式建立了定量降水预报集成方法；采用定量降水监测和定量降水预报资料驱动水文模型进行洪水预警方法研究；采用连续概率排序评分方法（Continuous Ranked Probability Score，CRPS）评估方法，检验评估欧洲中期天气预报中心（European Centre for Medium-Range Weather Forecasts，ECMWF）数值预报模式（以下简称欧洲模式）降水集合预报在淮河流域的预报性能，采用降水集合预报驱动水文模型进行洪水集合预报应用研究。

本研究获得国家自然科学基金项目（52079035、51979070）的资助，本书出版得到中国气象局新一代天气雷达培训系统建设（二期）“雷达资料在雷电监测预警中的应用”教学资源建设项目以及中国气象局气象干部培训学院 2021—2022 年教材建设项目的资助，在此一并致谢。

# 目 录

CONTENTS

# 第一章

# 多源降水信息定量降水监测方法

## 1.1 概述

水资源是一种珍贵资源，但过多或过少又会引发涝灾或旱灾，甚至衍生其他灾害。对于洪灾、旱灾、泥石流、水环境等与降水相关灾害的监测与预报是非常必要的，同时有利于分析当前和未来水资源的可利用性[1]。准确的降水估算可以为水相关灾害监测预报提供关键的输入信息。降水的定量测量有不同手段，下文将不同手段、不同方法获得的定量降水测量统称为定量降水估算（Quantitative Precipitation Estimate，QPE）[2]。为适应水灾预防和洪水管理，区域或流域范围内不同时空尺度的准确的降水估算是至关重要的，尤其对于从数分钟到数小时时间尺度的山洪预报预警。在空间尺度上，从几平方千米的山洪到几千平方千米甚至更大范围的流域洪水预报，需要更大范围内的降水估算信息。不同时间尺度降水估算信息可以应用于不同时间尺度的水资源管理和洪水管理[3]。天气雷达、卫星以及数值天气预报的进步，在很大程度上带来了降水估算、洪水预报业务的巨大进展。针对不同手段的降水估算结果，我们需要利用其各自不同的优势，对其综合集成应用才能产生适应不同需求的降水估算信息。与地面雨量观测站网相比，雷达、卫星等新型观测手段的优势在于能提供无缝隙、全天候、高时空分辨率的降水监测资料，特别是能解决无资料或缺资料流域的降水监测问题[4-5]。在降水估算算法及其业务应用研究方面，不同研究机构围绕不同探测手段发展了不同类型的降水监测方法和降水估算产品。一个典型的例子是，二三十年前的雷达测雨是定量降水监测的标志性新技术，至今仍然是降水监测最有效的方法之一。更重要的是，现在雷达测雨仍然像当初一样存在技术上需要解决的方法、技术和算法问题，例如地面雨量站对雷达测雨的校正方法。为有效进行洪水预报预警，定量降水估算必须利用多层面、多尺度、多传感器的信息，以获得多时空尺度的、适应不同领域需求的定量降水估算信息。自20世纪90年代开始，这种不同定量降水估算方法逐渐受到重视，在众多研究计划之中，全球降水气候计划(Global Precipitation Climatology Project，GPCP)最引人注目。GPCP充分利用各种数据优点，国内外相关的科研机构和业务部门开发了多种较高分辨率的卫星反演降水估测产品[6-9]。以雷达、卫星估测降水资料为主，结合自动气象站降水观测资料，通过资料融合的方法进行流域定量降水或流域面雨量估算已成为发展趋势[10-12]。本研究着眼于研究雷达资料处理、多部雷达资料融合以及多种降水信息综合集成应用。

经过多年的发展，国内外气象水文机构布设的天气雷达网已经非常先进。20世纪70年代，英国就开始组建天气雷达网并逐步完善，不仅在地理区域上全覆盖，而且降水监测和基于外推方法的短时临近降水预报时空精度也非常高，达到5 min间隔的1 km×1 km空间分辨率[13-16]。80年代后期，美国开始建设新一代天气雷达网，用于全国布网的新一代雷达系统(WSR-88D)成为美国主要的降水遥感监测工具[17-19]，后又更新换代为覆盖全美下一代天气雷达(NEXRAD)，实时提供高时空精度的降水估算业务产品[20-22]。

我国多普勒雷达网建设始于20世纪90年代后期，1999年第一台高性能S波段全相干多普勒天气雷达(CINRAD)在安徽省合肥市安装并投入业务使用[23]。目前，我国新一代多普勒天气雷达网已覆盖大部分地区，尤其是中东部地区已实现全覆盖[24-25]。我国新一代天气雷达监测网络已步入世界先进行列，我国的灾害性强天气监测预报的准确率将上一个新台阶，并发挥着巨大的经济效益和社会效益[26]。天气雷达的高时空监测能力不可替代的作用得到了气象界和公众的广泛认同[27]。多普勒雷达网在空间上的无缝隙覆盖，使得大范围高精度的降水监测成为可能，利用雷达网实现对流域或区域无缝隙降水监测，已经成为水文气象学者关注的一个重点方向[28]，也有学者将雷达测雨资料与水文模型结合进行水文模拟研究[29-32]。

雷达测雨关键的几何学不确定性源自地球曲率和雷达波束变宽，只有当雷达波束高度较低时才能获得最精确的降水测量值。雷达测雨不确定性的其他来源还包括$Z-I$关系的不确定性，不同雨滴谱、不同的降水相态(冰雹、雨、雪)$Z-I$关系各不相同，但是缺乏有效的一致性措施并加以校正，如对雷达地物回波、地面蒸发、风切变造成的雷达采样水平向量处理等。因此，雷达测雨基本方法 Z - I 关系法[28, 33-37]在大多数情况下不能满足降水估算精度的要求，必须采用一定的修正方法进行校正，明确比较常用的雷达测雨校正方法包括平均校正(Average)方法[38-39]、卡尔曼滤波校正(Kalman)方法[40-41]、最优插值(Optimal)方法[42-43]和联合校正(Union)方法[44]等。以这些基本方法为基础，国内气象水文学者开展了许多有关雷达定量降水估算系统和模型研发[42, 45-49]。

天基、空基、陆基大气监测手段为流域降水的监测和预报提供了更加丰富的信息。如何将这些先进的大气探测硬件设备转换成实际防灾减灾的业务能力，是水文气象学者关注的一项重要内容。随着静止卫星时空分辨率的提高，大范围甚至全球范围的卫星降水估算能比较客观地反映降水量相对大小的分布趋势，且具有相当高的降水估算精度。目前，卫星反演降水主要业务产品有 GPCP 数据集[50]、CMAP(CPC Merged Analysis of Precipitation)数据集[51]、TRMM (Tropical Rainfall Measuring Mission)-3B42 产品[52]、CMORPH(CPC MORPHing Technique)产品等[53]。采用地面降水观测资料对卫星降水产品进行订正，并形成两种融合产品，可以发挥地面降水观测的精确性和卫星降水空间分布连续性的优势[54]。美国国家环境预测中心(National Centers for Environmental Prediction，NCEP)充分融合各种微波反演降水资料，采用"运动矢量"的方法研发了 CMORPH 产品[11]。在空间相关性和较小的误差分布方面，TRMM 产品比 CMORPH 产品具有优势。

我国自动气象站站网已相当稠密，其经质量控制后小时降水观测数据已被广泛应用于大气预报业务。中国气象局国家气象信息中心使用该小时降水观测数据集，研发了 1 h、0.1°×0.1°分辨率的降水融合产品。其主要方法是，首先采用概率密度匹配法对美国 CMORPH 产品进行误差订正，再采用最优插值方法将小时降水观测数据与卫星降水数据融合[55]。相关研究也证实了 CMORPH 融合降水产品优于同类融合产品[56-57]。CMORPH 融合降水产品已通过"中国气象科学数据共享服务网"实时对外服务。

要改进降水估算效果，就必须以一定优化方法发挥每一种传感器的优势。天气雷达能提供覆盖范围内高时空精度的降水分布信息，但在雷达不能覆盖区域就必须采用地面降水观测信息。卫星降水估算具有大范围、全天候特点，但空间分辨率还不能达到雷达探测的空间精度。对多种类型的降水估算方法进行融合应用，发挥不同降水估算方法的优势，产生满足不同领域需求的定量降水估算产品是一项非常有意义的研究工作。

流域定量降水(面雨量)监测是气象和水文部门所关心的重点要素之一。降水是一种复杂的天气过程，并且在空间分布上存在明显的不均匀性。传统的地面雨量计虽然能够精确地测量某点出现的雨量，但是受其空间代表性的局限，利用地面雨量计来进行大范围的雨量监测时，常常因为空间分辨率不足而产生较大的误差。因此，有限的地面雨量观测仪器难以实现精细化的大范围雨量监测。天气雷达、气象卫星等遥感探测手段的出现，使大范围(流域)精细化降水监测(估算)成为可能。

本章以淮河流域为研究区域，以多种降水估测方法综合集成应用为研究内容，探索适合于淮河流域的多源降水融合应用方法，内容包括：以雷达资料信息填补、超折射检测、孤立点剔除、畸异回波检测、回波中的空洞处理以及构成复合平面等预处理技术为基础，利用多部天气雷达资料实现淮河流域雷达定量降水估算(以下简称雷达测雨)；基于误差分析方法，对雷达测雨结果进行集成，提高雷达测雨性能。由于 CMORPH 融合降水产品具有高时空分辨率的优势，它可以提高流域面雨量估算的能力，但需要对特定流域的实用性进行评估，本研究以地面雨量站资料为参考值对 CMORPH 融合降水产品在淮河流域面雨量估算中的应用能力进行了评估。基于 INCA(Integrated Nowcasting through Comprehensive Analysis)系统对雷达测雨、CMORPH 融合降水产品以及地面雨量观测资料等多源降水信息进行融合，实现对淮河流域的高时空分辨率定量降水监测和短时临近降水预报。

## 1.2 淮河流域多雷达联合定量降水监测方法

### 1.2.1 天气雷达回波数据预处理

实现全流域范围内的雷达定量降水监测的前提是对流域内多部天气雷达资料进行预处理。由于天气雷达回波资料以及地面观测数据在时空分辨率、坐标系等方面存在不匹配，并且这些数据中还存在着一些干扰噪声以及异常数值，因此，在利用雷达资料进行降水监测之前，有必要对这些资料进行预处理。

对天气雷达回波资料的预处理包括信息填补、孤立和畸异回波抑制、回波中的空洞处理、复合平面构成和超折射处理等。

(1) 信息填补

为消除雷达回波中的资料空缺区域，采用以下方法进行信息缺失的判别和填补。第一步是从天线的工作方式中获取相邻径向间的方位夹角(Angle)；第二步是在每一层内对每根径向进行逐一判断，判断相邻径向间的方位角之差是否大于$\frac{3}{2}$Angle，若大于则说明存在着丢失资料现象；最后，根据第二步中相邻径向间的方位角之差来判别丢失了几根径向，再对丢失资料的区域进行填补。填补时对资料数据进行线性插值，再将其填补到空缺的径向内。应用示例（图 1.1）表明，该方法能填补丢失的径向数据，但是对于数量连续的、较多的径向丢失，该方法无法进行有效的填补。

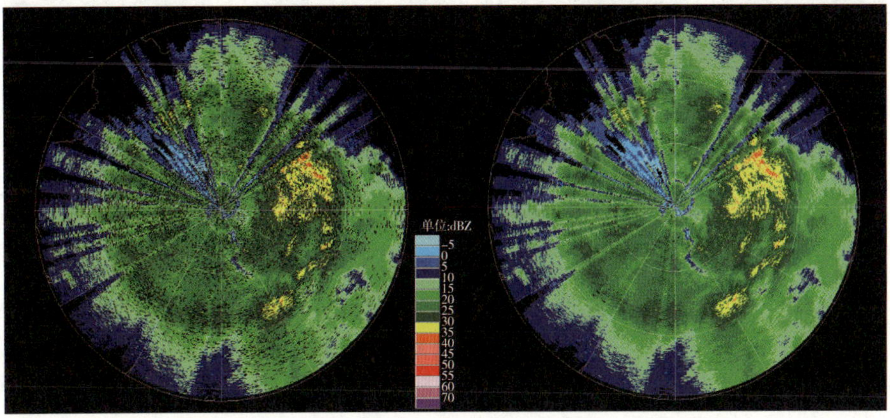


**图 1.1 雷达资料的填补示例（左图：填补前，右图：填补后）**

(2) 孤立和畸异回波抑制

对于孤立和畸异回波，采用梯度法予以校正，其算法如下：

如果 $Z(i)>TCN\cdot Z(i-2)$ 且 $Z(i)>TCN\cdot Z(i+2)$，则 $Z(i-1)=Z(i-2)$，$Z(i)=0.5Z(i-2)+0.5Z(i+2)$，$Z(i+1)=Z(i+2)$。其中，$Z(i)$是该径向上第 $i$ 个距离库内的反射率因子；$TCN$ 是判断孤立、畸异回波的阈值，取 $TCN=1.5$。

如果第 $i$、$i+1$ 个点都是孤立、畸异回波，即同时满足 $Z(i)>TCN\cdot Z(i-2)$，$Z(i)>TCN\cdot Z(i+2)$，$Z(i+1)>TCN\cdot Z(i-1)$，且 $Z(i+1)>TCN\cdot Z(i+3)$，则 $Z(i-1)=Z(i-2)$，$Z(i)=Z(i-2)$，$Z(i+1)=Z(i+3)$，$Z(i+2)=Z(i+3)$。

从图 1.2 来看，上述方法能够去除那些由非降水回波信号引起的孤立、畸异回波。

(3) 回波中的空洞处理

本研究采用中值滤波法进行回波中的空洞处理。其基本原理是：雷达扫描范围内任一点的强度值用以该点为中心的某个网格(3×3)内的中值代替。

① 对任一点 $Z(m)$周围（切向取 3 个径向线，径向取 3 个距离库）的 9 个点

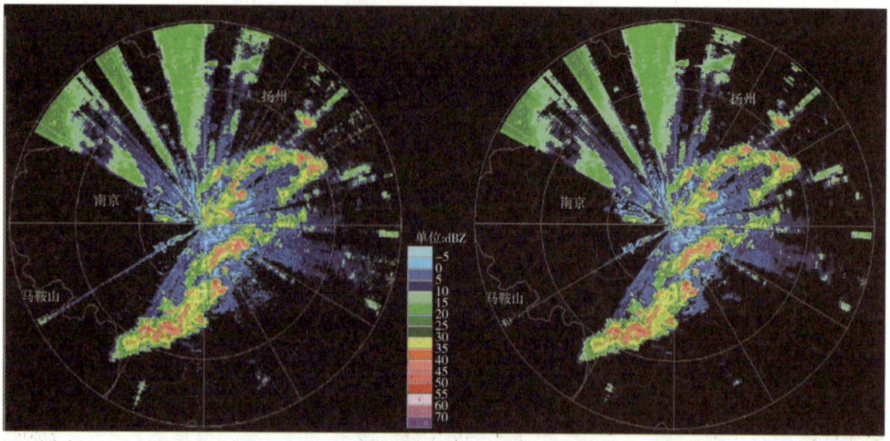


图 1.2 孤立、畸异回波抑制实例(左图:抑制前,右图:抑制后)

按数值的大小顺序排列:$Z(1)$, $Z(2)$, …, $Z(5)$, …, $Z(8)$, $Z(9)$;

② 确定中值 $Z(m)=Z(\mathrm{mid})=Z(5)$。

空洞填补的效果如图 1.3 所示,该方法能够有效地填补大范围回波中的小空洞。中值滤波法既能较好地去除回波中的空洞,又能较满意地保持图像边缘的完整性,还能够平滑掉一些孤立的回波小块。

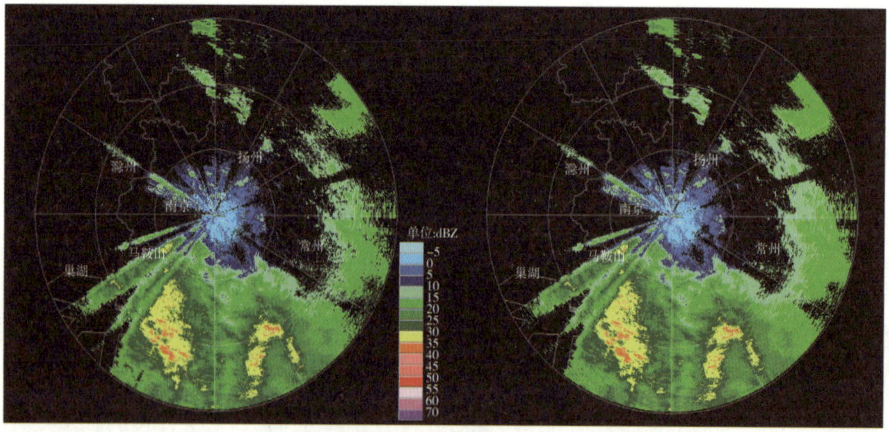


图 1.3 空洞处理实例(左图:原始图,右图:处理后)

(4) 复合平面构成和超折射处理

零度层亮带是雷达雨量估算的干扰因素,必须采用一定的方法予以排除,避免产生较大的测雨误差。一般通过选择 0℃层高度以下回波进行降水估算。同样的雷达仰角，距离雷达站越远，探测到的回波高度越高；同样的距离，雷达仰角越高，探测到的回波高度越高。从回波高度查算图[58]（图 1.4）可以查算出雷达最低正仰角 0.5°在 230 km 左右对应的回波高度就已经到达 5 km。淮河流域 6—8 月份 0 ℃层高度在 5 km 左右。

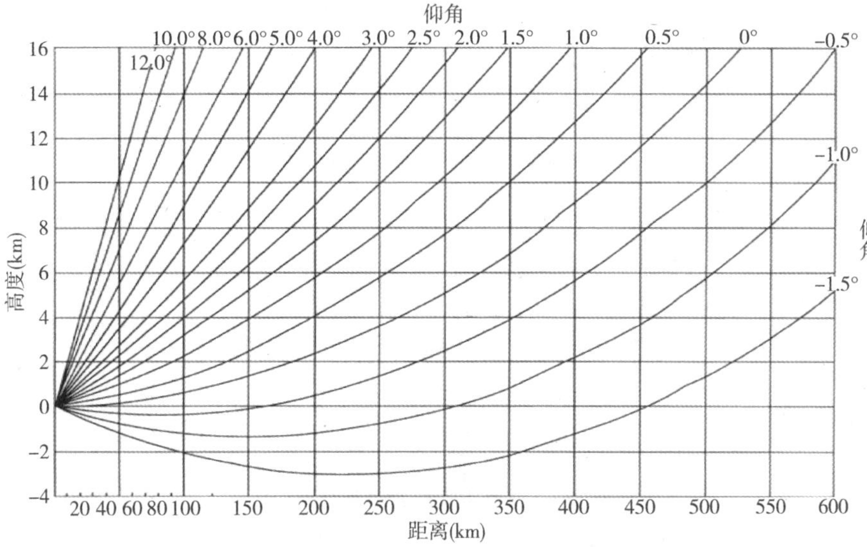


**图 1.4　回波高度查算图**

鉴于以上对雷达仰角、探测高度和探测范围的分析，在 230 km 以内雷达探测的回波高度符合雷达降水估算有效范围的要求，因此，本研究把 230 km 作为有效范围。具体雷达仰角选取标准见表 1.1。

**表 1.1　雷达回波距离与仰角选取对照表**

| 距离 | 雷达仰角 |
|---|---|
| ≤20 km | 3.4° |
| 20～35 km | 2.4° |
| 35～50 km | 1.5° |
| 50～230 km | 0.5° |

在构成复合平面时，检测超折射判别公式为

$$\frac{(A_{\text{low}} - A_{\text{high}})}{A_{\text{low}}} \times 100 > Threshold \tag{1.1}$$

其中，$A_{low}$ 和 $A_{high}$ 分别为最低、最高两个 PPI 回波，*Threshold* 为检测阈值(取 50%)，若大于阈值，则剔除最低层回波资料，否则不剔除。

### 1.2.2 雷达数据重采样与坐标转换方法

将极坐标系下的雷达回波转换到经纬度网格坐标系是多部雷达探测信息拼图的关键步骤[59]，这个步骤也被称为信息重采样，有直接法和间接法两种实现方法，如图 1.5 所示。

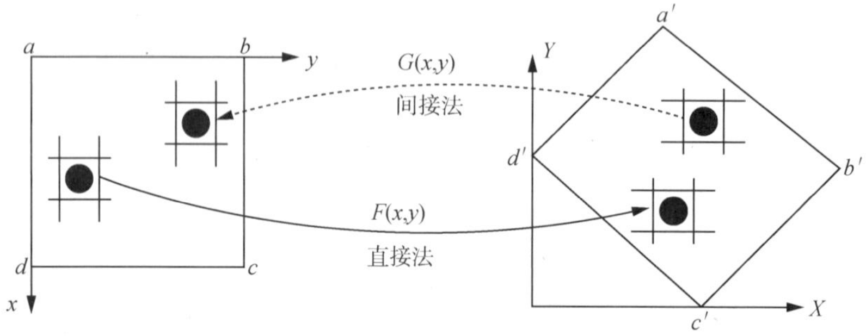


图 1.5　两种重采样方法示意图

直接法将原始坐标中的一个信息点，通过坐标转换公式映射到目标坐标系，原来在原始坐标系中规则排列的信息点，映射到目标坐标系一般变得不规则排列，要使信息点在目标坐标系规则排列，必须进行二次插值。间接法则首先在目标坐标系中确定规则点，再通过坐标转换公式映射到原始坐标系，获取最临近坐标点的信息并赋值到目标坐标系之中，不需要进行二次插值，本研究采用间接法进行重采样[公式(1.2)～公式(1.3)]。

$$L = R_m \arccos[\cos W_0 \cos W_i \cos(G_i - G_0) + \sin W_0 \sin W_i] \tag{1.2}$$

$$C = \arccos\left[\frac{\sin W_i - \sin W_0 \cos(\frac{L}{R_m})}{\cos W_0 \sin(\frac{L}{R_m})}\right] \tag{1.3}$$

式中：$G_0$ 是雷达站经度；$W_0$ 是雷达站纬度；$G_i$ 是重采样目标网格坐标的经度；$W_i$ 是重采样目标网格坐标的纬度；$L$ 是重采样目标网格点到雷达站的距离；$C$ 是重采样目标网格点相对于雷达站的方位角；$R_m$ 是地球半径 6 371 km。

雷达回波重采样具体流程如图 1.6 所示。

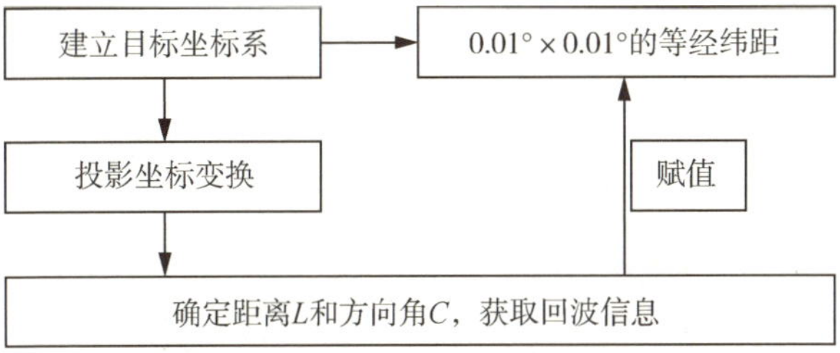


**图 1.6　雷达回波重采样流程图**

### 1.2.3　多部雷达数据区域(流域)拼图

经过上述资料控制与处理过程，多部雷达覆盖范围重叠区内包含多部雷达回波的反射率因子，在重叠处取多个回波反射率因子中的“最大值”[60]。本研究所使用的六部雷达站及其覆盖范围如图 1.7 所示。

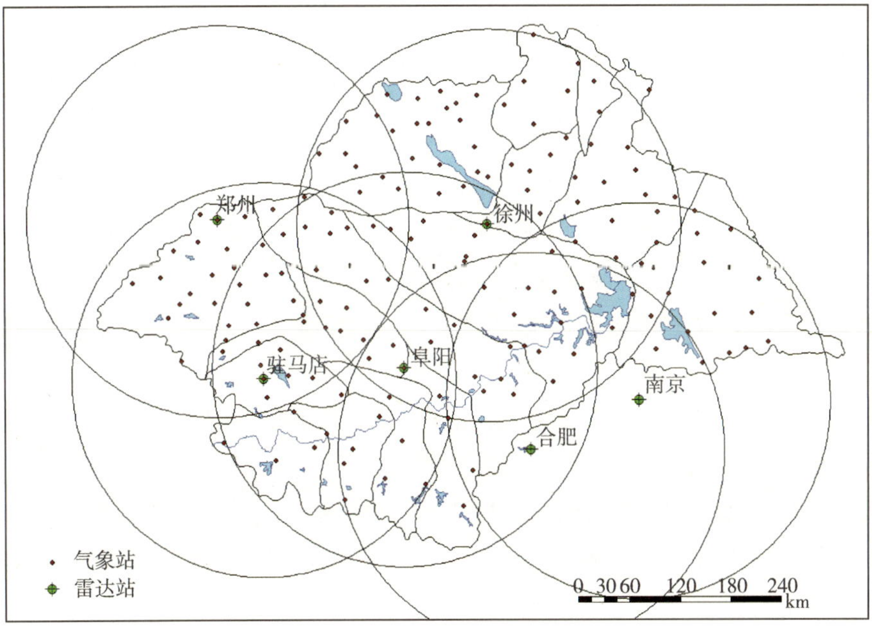


**图 1.7　淮河流域雷达站及覆盖范围**

该方法由 $Z-I$ 关系雨强转换、地面雨量站校正方法、降水集成三个部分组成。

(1) $Z-I$ 关系雨强转换[61]

$$Z = 300I^{1.4} \tag{1.4}$$

$$Z = 200I^{1.6} \tag{1.5}$$

其中,$Z$ 为雷达反射率因子;$I$ 为降水强度。对于流云,采用式(1.4)估算;对于层状云,采用式(1.5)估算。$Z-I$ 关系是雷达测雨的基础,要提高测雨效果,还需要采用地面观测雨量和校正方法进行雷达测雨校正。

(2) 地面雨量站校正

本研究分别采用雷达测雨平均校正方法、卡尔曼滤波校正方法、最优插值方法和联合校正方法 4 种方法,结合淮河流域 172 个国家气象观测站地面雨量计的降水观测资料(以下简称雨量站资料),进行估算结果的实时校正[62]。4 种方法在相关文献里均有介绍,本研究不再赘述。

### 1.2.4 雷达降水估算误差分析集成方法

雷达测雨本质上是对降水量的测量,其误差是一种测量误差。从测量学角度看,可以认为雷达测雨误差由系统误差和测量误差组成。雷达测雨的系统误差由雷达系统和降水估算方法确定,对于稳定的雷达测雨系统,系统误差一般是固定的,可以利用上述地面雨量站校正方法予以校正。换而言之,上述各种雷达测雨校正方法,虽然消除了雷达系统误差,却没有消除雷达测雨随机误差,需要另外寻找消除或减小雷达测雨随机误差的方法才能提高雷达测雨效果。雷达测雨随机误差的原因比较复杂,影响因素也很多,但其主要来源于降水系统的特性,不同的雷达测雨校正方法所产生的随机误差对降水系统的响应不同。若降水系统、区域完全相同,不同雷达测雨校正方法的性能是稳定的,也就是说,从中选取一种性能最佳的雷达测雨校正方法即可。但事实上,降水系统千变万化,每种雷达测雨方法所产生的随机误差均有所不同。基于这一基本事实前提,可以通过不同雷达测雨的误差分析,动态选择最佳方法就可以减小雷达测雨误差,提高雷达测雨精度[63]。

(1) 误差组成假设

雷达测雨误差组成假设包括两部分:雷达测雨随机误差假设和雷达测雨系统误差假设。其中,雷达测雨系统误差为一固定值,雷达测雨随机误差是随雷达测雨方法的性能而变化的,是一个变化量。雷达测雨方法的性能高(低),则雷达测雨方法的随机误差小(大)。提取雷达测雨方法的随机误差并对雷达测雨方法误差进行时序分析，即可对雷达测雨方法的性能进行评估。

定义雷达测雨误差为：

$$W(t)=W_s+\widetilde{W}(t) \tag{1.6}$$

其中，$W_s$ 为雷达测雨系统误差，是不随时间变化的定常值；$\widetilde{W}(t)$ 为雷达随机误差，是随时间变化的函数。

对于过去一定时间长度的时间序列，其雷达测雨误差的方差的定义为：

$$S_W=\frac{1}{T}\sum_{t=1}^{T}\left[W(t)-\overline{W}\right]^2 \tag{1.7}$$

其中，$\overline{W}$ 为雷达测雨误差平均值，其计算公式如下：

$$\overline{W}=\frac{1}{T}\sum_{t=1}^{T}W(t)=\frac{1}{T}\sum_{t=1}^{T}\left[W_s+\widetilde{W}(t)\right]=W_s+\frac{1}{T}\sum_{t=1}^{T}\widetilde{W}(t) \tag{1.8}$$

将公式(1.8)代入公式(1.7)可得：

$$\begin{aligned}S_W&=\frac{1}{T}\sum_{t=1}^{T}\left[W_s+\widetilde{W}(t)-\overline{W}\right]^2\\&=\frac{1}{T}\sum_{t=1}^{T}\left[\widetilde{W}(t)-\frac{1}{T}\sum_{t=1}^{T}\widetilde{W}(t)\right]^2=S_{\widetilde{W}}\end{aligned} \tag{1.9}$$

由公式(1.9)不难看出，雷达测雨误差的方差也就是雷达测雨随机误差的方差。对于过去一定时间长度的时间序列，不同雷达测雨方法误差的方差就反映了雷达测雨随机误差的方差。也就是说，从雷达测雨误差的方差可判断雷达测雨方法的性能。

从降水系统性质来分析，某区域存在不同性质的降水天气系统，因而降水场的性质不同。在对流性天气系统影响下，降水量空间变异性大，存在多个强降水中心，并且雨强水平梯度大。即使同样属于对流性系统降水，暖性对流降水与冷性对流降水也有区别。层状云降水则相对稳定，空间变异性小，雨强变化也比较小，但暖层云降水与冷层云降水又有所不同。混合性降水属于层状云降水与对流性降水合并出现，具有降水持续性、强度大，且强降水中心集中等特点。因此，不同雷达测雨方法对于不同性质的降水量估算性能不同，其性能可以采用雷达测雨误差的方差进行评估。某种雷达测雨误差的方差较小(大)，则表示这种雷达测雨误差随时间序列比较平稳(起伏)。因为在有限时间、有限区域内降水系统的组成和特性相对稳定，依据雷达测雨误差的方差，可以得到一种最佳雷达测雨方法。随着时间的变化,可以动态选择一种误差方差最小的雷达测雨方法作为最佳方法。

基于以上假定和分析,根据有限时间、有限区域内的雷达测雨误差分析,从几种雷达测雨校正方法中选取最佳雷达测雨方法,实现多种雷达测雨方法的集成应用,提高雷达测雨效果。

其具体方法如下:①确定用于分析误差的估算雨量时段,本研究取时段为前1小时,即认为前1小时内的最佳估算方法为该时刻的最佳估算方法;②计算前1小时内各种估算雨量的误差序列;③计算各种估算雨量的误差序列的方差;④比较各种估算雨量的误差方差,选取误差方差最小的估算雨量方法为最佳估算方法进行雨量估算。

(2) 雷达测雨方法的集成应用

根据水文模拟和预报需要,将研究流域划分为多个子单元(子流域),将流域子单元作为有限区域;以前1小时作为有限时间,基于雷达测雨误差分析进行多种雷达测雨方法的集成应用,简称该集成方法为"基于子流域最佳方法选择"。

按照自然子流域的边界,本研究将整个淮河流域划分为15个子单元(图1.8)。图中淮河流域边界内的曲线为子流域边界。为表述方便,将15个子单元从上游到下游、从南到北进行编号,子单元内的数字即为子单元编号。

1—淮河上游大坡岭至息县;2—淮河上游息县到王家坝;3—汝河及洪河上游;
4—史河流域;5—颍河上游、周口以上;6—颍河中游、周口至阜阳段;
7—淠河及颍河下游、淮干;8—涡河及淮河中游淮干;9—蚌埠至洪泽湖;
10—洪泽湖以下淮河下游;11—沂河和沭河下游;12—沭河上游;
13—沂河上游;14—枣庄和徐州地区;15—南四湖地区。

**图1.8 淮河流域15个子单元划分及雨量站分布图**

雷达测雨方法集成应用流程如图 1.9 所示。

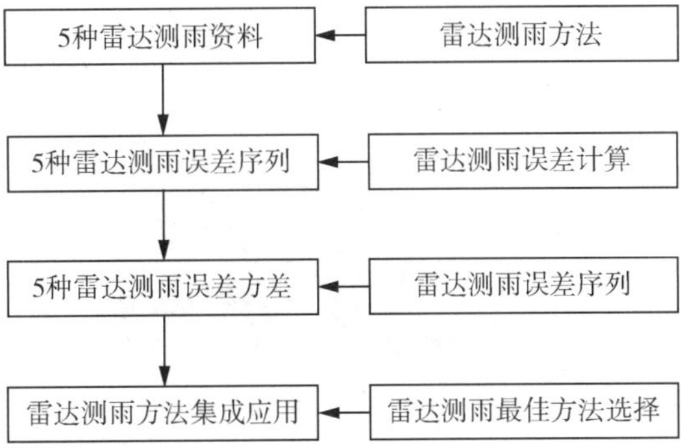


**图 1.9 雷达测雨方法集成应用流程**

### 1.2.5 雷达降水估算集成方法应用典型案例分析

利用 2007 年 7 月 3 日 10 时至 11 时淮河流域 6 部雷达(合肥、阜阳、徐州、驻马店、郑州和南京)数据,采用典型 $Z-I$ 关系[61]:$Z=200I^{1.6}$ 进行雷达测雨,并采用前文所述的 4 种雷达测雨校正方法进行雷达测雨校正。在此基础上,在淮河流域 15 个子单元区域内,采用“基于子流域最佳方法选择”对 $Z-I$ 雷达测雨以及 4 种雷达测雨校正方法进行集成应用。

图 1.10 为淮河流域地面雨量计观测雨量分布色斑图。图 1.11 包括 $Z-I$ 关系、前文所述的 4 种不同雷达测雨校正方法以及“基于子流域最佳方法选择”集成方法,共 6 种雷达测雨方法雷达测雨结果色斑图。在地面雨量计观测雨量分布色斑图上,此降水时段有 3 个主要的降水区域。降水强度最大的降水区域位于第 9 个子单元东部洪泽湖以北区域,降水强度次大的降水区域位于第 10 个子单元里下河东部;降水强度相对较小的区域位于第 8 个子单元淮河以南区域。6 种雷达测雨方法对于第 9 个子单元东部洪泽湖以北区域和第 8 个子单元淮河以南区域有不同程度性能,而对于第 10 个子单元里下河东部降水区域却没有体现出测雨性能。从图 1.8 中可以看出第 10 子单元里下河东部距离雷达站较远,可能原因是此次降水过程主要由层状云产生的,由于其高度较低,雷达未能探测到降水回波。

在图 1.10 上,降水强度最大的第 9 个子单元东部洪泽湖以北区域最大雨量超过了 30 mm。在 6 种雷达测雨结果中,$Z-I$ 关系法的雷达测雨性能最差,性能差异体现在最大雨强以及降水场分布;卡尔曼滤波校正法和平均校正法对于

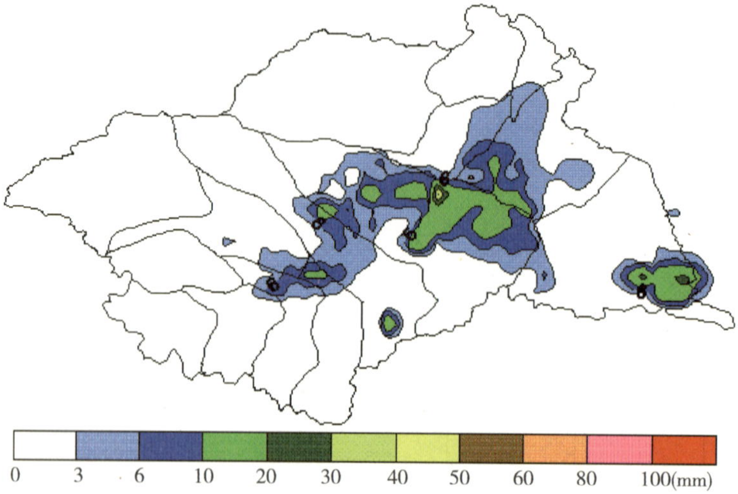


图 1.10　2007 年 7 月 3 日 10—11 时(北京时)淮河流域地面雨量计观测雨量分布

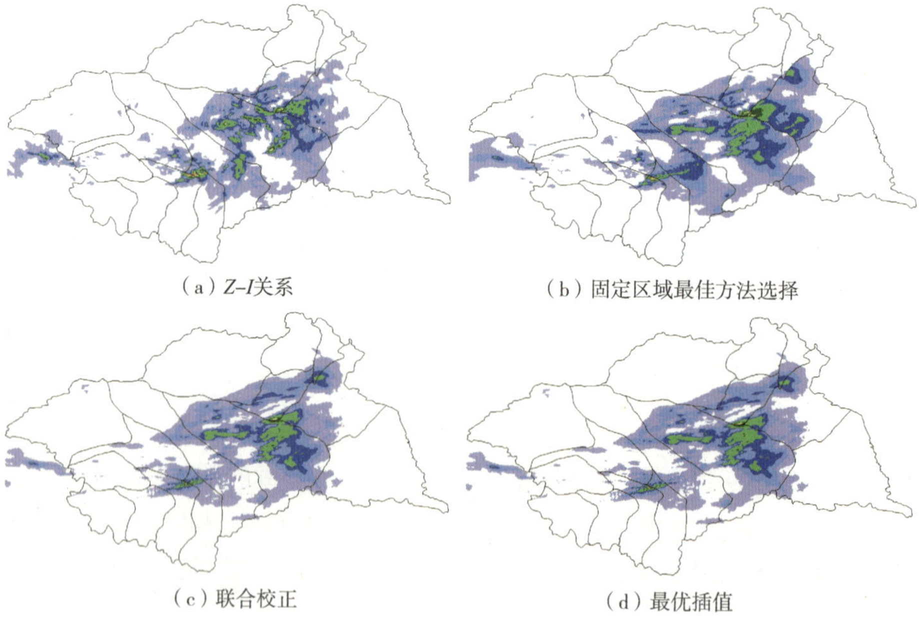

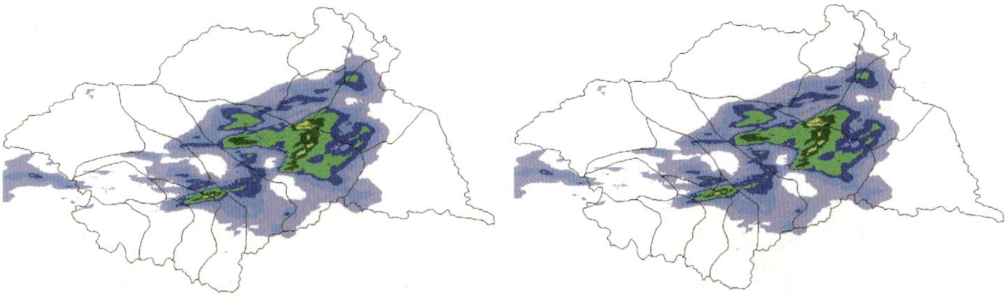

(e) 卡尔曼滤波校正　　　　(f) 平均校正

**图 1.11　2007 年 7 月 3 日 11 时淮河流域雷达测雨实例**

降水场分布有较好的性能，虽然降水区域范围偏大，对降水强度也有所高估，但与地面雨量计观测雨量结果还是较为相似的；联合校正法和最优插值法效果无论是对于降水场还是降水强度都有最佳的性能表现，降水区域和雷达测雨数值都与地面雨量计观测雨量结果相吻合，但是对于第 8 个子单元淮河以南区域的雷达测雨性能，和其他方法一样，对降水强度和降水区域范围雷达测雨性能不高。

“基于子流域最佳方法选择”雷达测雨集成方法以误差分析为基础，以误差最小为原则，作为一种动态雷达测雨集成方法体现出了明显的优势，对于降水场及降水强度的监测性能均有最佳表现。与性能表现较佳的卡尔曼滤波校正法和平均校正法相比，“基于子流域最佳方法选择”雷达测雨集成方法对第 9 个子单元东部洪泽湖以北区域的降水场和降水强度与地面雨量计观测雨量结果更为接近；与联合校正法和最优插值法效果相比，“基于子流域最佳方法选择”雷达测雨集成方法对第 8 个子单元淮河以南区域的降水场和降水强度的雷达测雨性能也有所提高。

### 1.2.6　淮河流域雷达定量降水监测效果评估

利用 2011—2012 年夏季 6—8 月的淮河流域多部雷达数据，“基于子流域最佳方法选择”雷达测雨集成方法，以 1 小时为累计时段对淮河流域逐小时降水量进行估算，并利用地面雨量计观测资料，对 1 小时雷达测雨效果进行评估。考虑到不同时次内地面雨量计的数量有所不同（因仪器故障、数据质控等原因，会在不同的时次出现故障观测站点，需要剔除），为避免资料缺测造成的影响，需将评估网格范围取得稍大些，至少要包含两个或两个以上雨量站。因此，采用算术平均的方法，将雷达估算的降水量和地面观测的降水数据统一采样到 0.1°×0.1°网格内进行估算结果的分析。6—8 月地面雨量计观测 1 小时降水量和雷达估算 1 小时降水量的空间分布如图 1.12、图 1.13 所示。从空间分布图可以看出，在淮河中部，两种雨量的分布和数值大小比较接近。而在淮河东部，雷达低估了 1 小时的地面雨量计观测的降水量；在淮河西部雷达高估了地面雨量计观测的降水量。

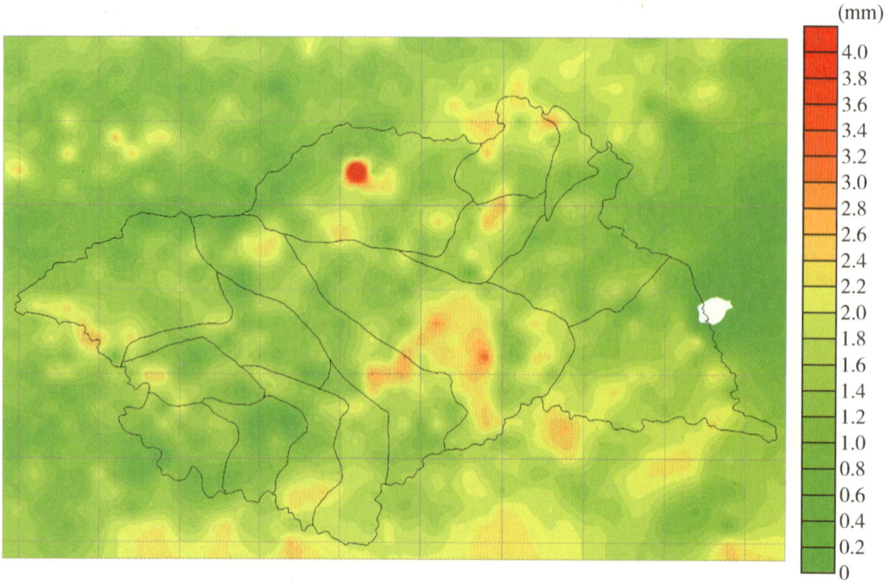


**图 1.12　地面雨量计观测的 1 小时降水量平均值的空间分布**

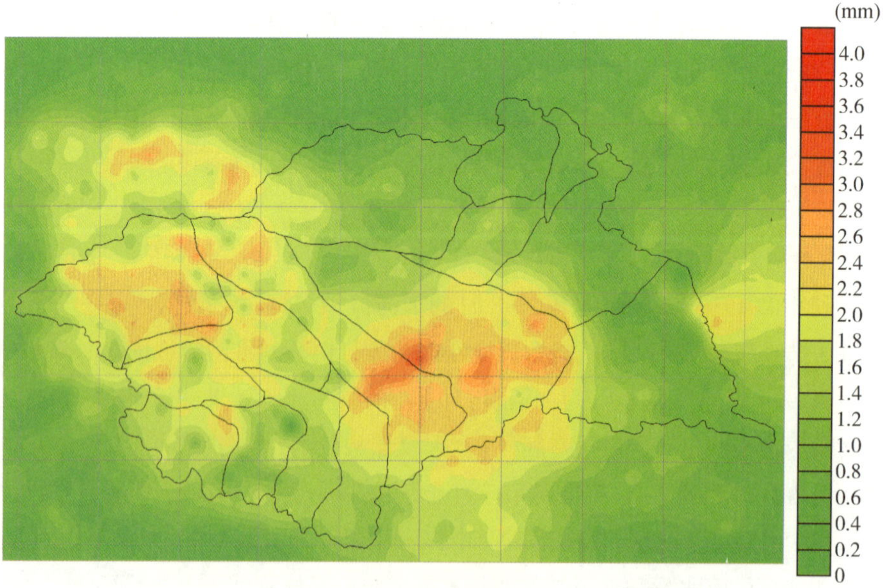


**图 1.13　雷达估算的 1 小时降水量平均值的空间分布**

图 1.14 为地面雨量计观测降水量和雷达估算雨量的差值(地面观测降水量减去雷达估算雨量,负值表示雷达估算雨量高于地面观测结果,反之低于地面观测结果)的空间分布。从图中可以看出,雷达定量降水的估算结果总体上小于地面雨量计的观测结果,也就是说雷达低估了降水量。而在淮河西部的大部分区域以及东部海面上的部分区域内,雷达估算的降水量要高于地面观测的降水量。

从两种降水量差值的概率分布图(图 1.15)可以看出,两种 1 小时降水量估算差值基本上在±2 mm 以内。

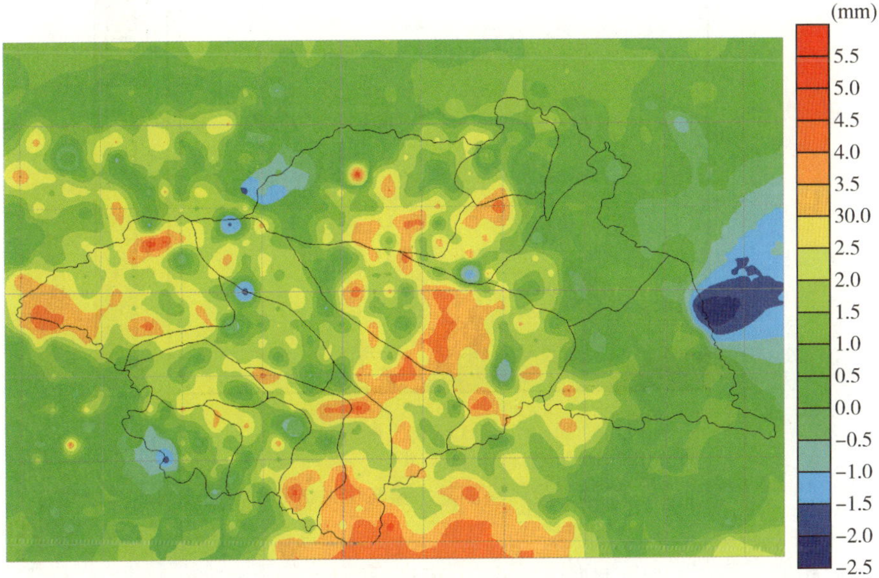


**图 1.14　两种降水量估算差值的空间分布(地面观测降水量减去雷达估算雨量)**

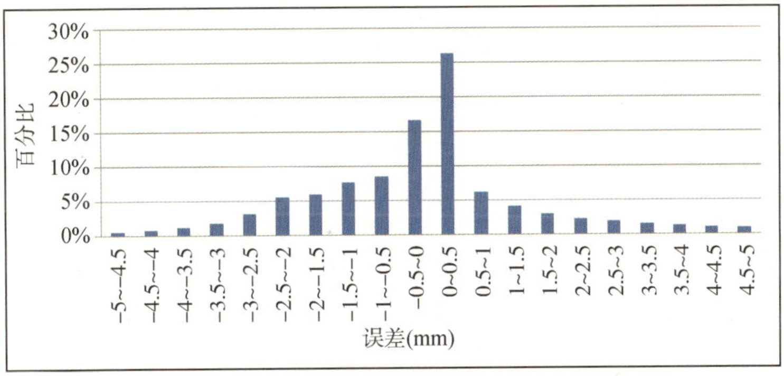


**图 1.15　两种降水量差值的概率分布(地面观测降水量减去雷达估算雨量)**

图 1.16 为地面雨量计观测降水量和雷达估算雨量的散点密度图，虽然对所有降水样本而言，相似系数 SC(0.38)不高、标准偏差 RMSE(4.43 mm)较大，但当大雨强(>10 mm/h)时，出现了一条明显的高密度的点聚线，即两种雨量之间对应关系较好，说明雷达估算对较强降水有较好的估算能力。

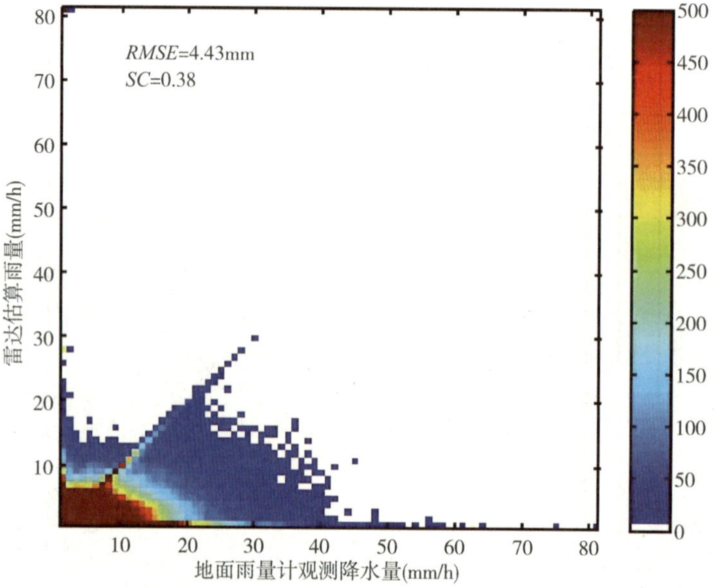


**图 1.16　地面雨量计观测降水量与雷达估算雨量密度散点图**

相似系数 SC 和标准偏差 RMSE 的计算方法如下：

$$SC=\frac{\sum_{i=1}^{n}[R_R(i)R_g(i)]}{\sqrt{\sum_{i=1}^{n}R_R(i)^2}\sqrt{\sum_{i=1}^{n}R_g(i)^2}} \tag{1.10}$$

$$RMSE=\sqrt{\frac{1}{n}\sum_{i=1}^{n}[R_R(i)-R_g(i)]^2} \tag{1.11}$$

其中，$R_R$ 为雷达估算雨量；$R_g$ 为雨量计观测降水量。

图 1.17 为地面雨量观测结果和雷达估算结果之间的相似系数 SC 空间分布，淮河大部分区域的相似系数均大于 0.6，只有淮河东部区域的相似系数较低。

淮河流域东北部距各雷达的距离均较远，这是导致雷达对这些区域降水的

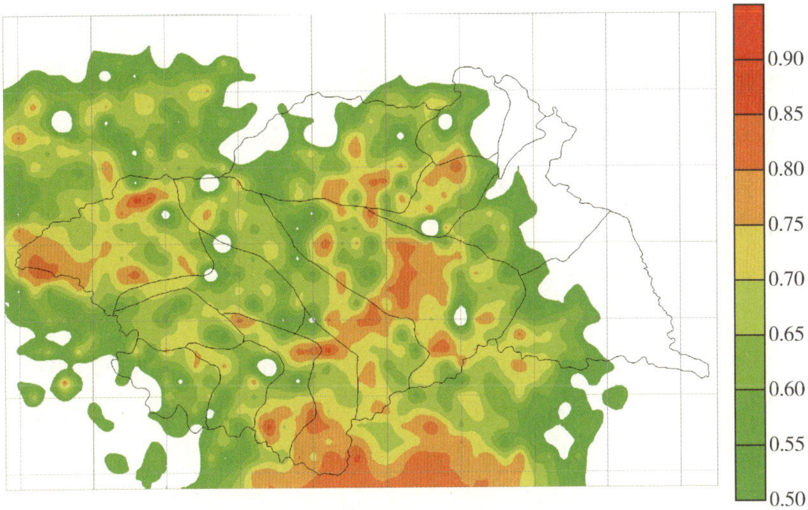


图 1.17　两种降水量相似系数的空间分布

探测能力差、雷达降水估计值偏低的主要原因。在雷达有效覆盖区域(淮河流域中、西部),雷达测雨的时序演变与实况降水演变之间的关系较好,仅在数值上有所偏差。

"基于子流域最佳方法选择"雷达测雨集成方法体现出了明显的优势,对于降水场及降水强度的监测性能均有最佳表现。本研究基于子流域的划分是根据自然子流域确定的,子流域越小,降水空间变异性的影响越小。若流域了单元空间范围过大,把此空间内的降水系统或降水类型做"单一化"假定处理,显然与实际情况有所偏差,尤其是对于有多种类型混合的强降水系统,因没有考虑其空间变异性,产生的降水估算偏差可能更大,定量降水估算的效果必然会受到影响。

## 1.3　CMORPH 卫星定量降水估算产品检验评估

本节以淮河流域为研究区域,对国家气象信息中心的 CMORPH 融合降水产品的性能进行评估,把淮河流域划分为 15 个子单元,对基于 CMORPH 融合降水产品的 15 个子单元面雨量与基于地面雨量站资料的 15 个子单元面雨量估算结果进行对比分析,评估 CMORPH 融合降水产品对淮河流域面雨量的整体差异、量级差异,并对一次强降水过程的面雨量评估进行案例分析研究。

### 1.3.1 CMORPH 融合降水产品

CMORPH 融合降水产品融合了两种降水数据源，即地面雨量观测资料和卫星降水数据资料。前者包括 30 000 多个自动气象站观测资料，包括国家级自动站和区域自动站，为逐小时降水数据。值得一提的是，逐小时雨量观测数据融入了该数据集。后者是由 CMORPH 专门从低轨道卫星微波资料反演的全球降水估测产品[11]，它的空间分辨率为 0.072 77°×0.072 77°，时间分辨率为 30 分钟。

首先将 NMIC（National Meteorological Information Center）的逐小时雨量数据做空间内插到 0.1°×0.1°纬度/经度的网格。同时将 CMORPH 数据重新采样到相同的 0.1°×0.1°网格，形成逐小时的雨量估测数据，然后采用概率密度匹配法，利用逐小时雨量观测数据对其进行校正。最后将校正过的 CMORPH 数据作为背景分析场，再采用最优插值算法生成每个网格点上的加权平均降水量，最终的融合降水量数据集空间网格分辨率为 0.1°×0.1°，时间分辨率为 1 小时[64]。沈艳等[56]评估了此融合降水数据集，认为该数据集无论从空间上还是时间上都能捕捉到降水过程信息，并且具有较低的偏差和均方根误差。CMORPH 融合降水产品可从 CDC（Climatic Data Centre）网站获取。我们可以得到自 2008 年 1 月 1 日以来的准实时降水数据。本研究中所用的资料集时间段为 2008 年 1 月 1 日 0000 时（世界时，UTC）到 2014 年 10 月 10 日 0000 时（UTC）。在研究过程中，这是耗时最长的阶段，处理了近 7 年资料。

### 1.3.2 面雨量计算方法

面雨量的计算方法很多，主要有算术平均法、泰森多边形法、网格插值法、三角形法、等雨量线法等[65]。

算术平均法：是最简单的面雨量计算方法，即将区域内所有测站的同期降水量累加起来，除以总站数得到区域的面雨量：

$$\overline{P} = \frac{1}{n}(P_1 + P_2 + P_3 + \cdots + P_n) \tag{1.12}$$

式中：$\overline{P}$ 为面平均降水量（mm）；$n$ 为雨量站数目；$P_1, P_2, \cdots, P_n$ 为各站同期降水量（mm）。当降水空间变异性大且降水观测站点稀疏时，算术平均法有较大的估算偏差。

网格算术平均法：有些降水产品本身就是采用均匀空间网格方式表达的，如前文的雷达降水估算产品以及 CMORPH 融合降水产品，有些降水观测资料在空间上是离散的，亦可以采用空间插值的方法将其插值到空间均匀网格上。网格算术平均法的面雨量计算公式为

$$\overline{P} = \frac{\sum_{i=1}^{N} R_i}{N} \tag{1.13}$$

式中：$\overline{P}$ 为面雨量(mm)；$R_i$ 为格点(栅格)的降水量(mm)；$N$ 为计算单元内的网格点(栅格)数。空间均匀网格(栅格)形式表达的降水量数据采用网格平均法计算面雨量非常简便。

泰森多边形法：考虑到一定空间(流域)内因地形地貌及其他客观因素的影响，雨量站不可能均匀设置，因而每个雨量站对于降水量空间的代表性也不相同。泰森(A. H. Thiessen)根据距离最近原则提出了针对离散的不均匀分布的雨量观测资料的面雨量计算方法。其计算公式为

$$P = \sum_{i=1}^{n} (\omega_i P_i) \tag{1.14}$$

式中：$\omega_i$ 为流域内各雨量站权重；$P_i$ 为约定统计时段内的地面雨量站降水量(mm)；$n$ 为流域内雨量站的个数。

本研究对栅格型数据格式的 CMORPH 融合降水产品采用网格算术平均法计算流域(子单元)面雨量；对空间离散分布的雨量站资料采用泰森多边形法计算流域(子单元)面雨量。

### 1.3.3 面雨量估算结果分析

本研究利用 2008—2014 年间 6—9 月 CMORPH 融合降水产品和雨量站资料分别估算(计算)淮河流域 15 个子单元的面雨量，对比分析两种面雨量估算结果[66]。

(1) CMORPH 和 Gauge 面雨量估算结果的整体差异

为便于表述，简称 CMORPH 融合降水产品估算结果为 CMORPH；简称雨量站资料估算结果为 Gauge。选择淮河流域 15 个子单元的雨日为统计对象，把 Gauge 作为“真值”，计算平均值、误差、相对误差和相关系数作为统计指标，分析 CMORPH 与 Gauge 的差异。表 1.2 为两种面雨量估算结果统计情况。从面雨量平均值整体分析结果看，CMORPH 整体平均为 4.6 mm，Gauge 整体平均为

3.8 mm,CMORPH 整体平均低估了 0.8 mm,表明 CMORPH 存在系统性低估。从单个子单元面雨量分析结果看,第 3 子单元的 CMORPH 平均为 3.2 mm,Gauge 平均为 3.7 mm,二者仅相差 0.5 mm,在 15 个子单元之中 CMORPH 低估值最小。第 1、2、10 个子单元 CMORPH 平均分别为 3.5 mm、3.1 mm、4.3 mm,Gauge 平均分别为 4.7 mm、4.4 mm、5.5 mm,CMORPH 平均比 Gauge 平均低估偏差超过 1.2 mm,这 3 个子单元 CMORPH 低估情况最明显。其他子单元 CMORPH 低估范围大都在 0.6 mm 到0.8 mm 之间。

CMORPH 平均相对误差超过 20%的有 3 个子单元。其中,第 1 子单元 25.53%,第 2 子单元 29.55%,第 10 子单元 21.82%,由于子单元间面雨量相差不太大,平均偏差大的子单元相对误差也较大。CMORPH 与 Gauge 相关系数均在 0.9 以上,两者相关性显著。可以看出,较大面积的子流域和低海拔地区的子单元 CMORPH 与 Gauge 二者相关性更大,尤其是淮河干流上游以及里下河地区的面雨量估算不确定性较大。

**表 1.2　15 个子单元 CMORPH 和 Gauge 面雨量估算结果统计**

| 子单元 | G 平均(mm) | C 平均(mm) | 误差(mm) | 相对误差(%) | 相关系数 |
|---|---|---|---|---|---|
| 1 | 4.7 | 3.5 | 1.2 | 25.53 | 0.908 |
| 2 | 4.4 | 3.1 | 1.3 | 29.55 | 0.928 |
| 3 | 3.7 | 3.2 | 0.5 | 13.51 | 0.957 |
| 4 | 4.6 | 4.0 | 0.6 | 13.04 | 0.913 |
| 5 | 4.1 | 3.4 | 0.7 | 17.07 | 0.969 |
| 6 | 3.8 | 3.1 | 0.7 | 18.42 | 0.965 |
| 7 | 5.5 | 4.9 | 0.6 | 10.91 | 0.908 |
| 8 | 4.2 | 3.5 | 0.7 | 16.67 | 0.974 |
| 9 | 4.6 | 3.9 | 0.7 | 15.22 | 0.977 |
| 10 | 5.5 | 4.3 | 1.2 | 21.82 | 0.985 |
| 11 | 5.0 | 4.2 | 0.8 | 16.00 | 0.989 |
| 12 | 5.0 | 4.3 | 0.7 | 14.00 | 0.931 |
| 13 | 5.0 | 4.4 | 0.6 | 12.00 | 0.974 |
| 14 | 4.8 | 4.1 | 0.7 | 14.58 | 0.982 |
| 15 | 4.4 | 3.7 | 0.7 | 15.91 | 0.993 |
| 整体 | 4.6 | 3.8 | 0.8 | 17.39 | 0.953 |

注:C 平均代表 CMORPH 平均,G 平均代表 Gauge 平均。

（2）两种面雨量估算结果的线性拟合

以 CMORPH 为自变量 $x$，Gauge 为因变量 $y$，对 CMORPH 和 Gauge 两组样本做 15 个子单元的整体回归分析（图 1.18）。CMORPH 和 Gauge 存在显著的线性关系，点据基本集中在拟合线附近，特别是在弱降水区域集中度高，仅仅强降水样本分布相对离散。CMORPH 与 Gauge 拟合线斜率为 1.164，CMORPH 总体有低估现象，但并不十分显著。

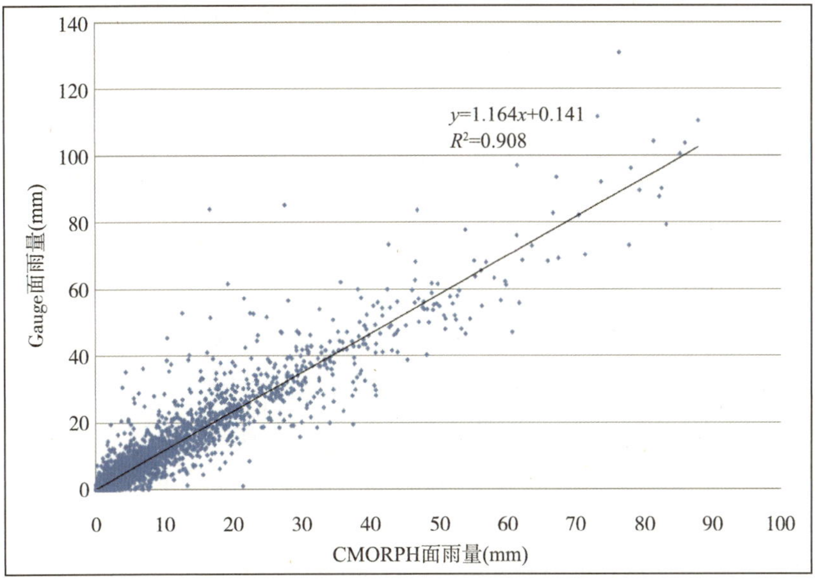


**图 1.18　CMORPH 面雨量和 Gauge 面雨量估算结果的线性拟合**

（3）两种面雨量估算结果的量级差异

根据我国江河面雨量等级划分标准，对 CMORPH 和 Gauge 分小雨、中雨、大雨、暴雨、大暴雨 5 个量级进行统计分析。随着降水量级的增大，CMORPH 和 Gauge 的平均误差亦呈现增大现象，小雨量级仅为 0.86 mm，在大暴雨量级则增大至 18.65 mm（表 1.3）。平均相对误差则完全不同，随着量级的增大而减小，小雨量级为 87.78%，中雨、大雨、暴雨、大暴雨量级为 20%～31%。

**表 1.3**　CMORPH 和 Gauge **面雨量估算结果分量级的误差比较**

| | 小雨<br>[0.1,6) | 中雨<br>[6,15) | 大雨<br>[15,30) | 暴雨<br>[30,60) | 大暴雨<br>[60,150) |
|---|---|---|---|---|---|
| 平均相对误差 | 87.78% | 30.54% | 24.86% | 24.32% | 22.57% |
| 平均误差(mm) | 0.86 | 2.89 | 5.33 | 9.86 | 18.65 |

CMORPH面雨量和Gauge面雨量估算结果按照不同降水量级日数分布的统计结果见表1.4。将降水量分为无雨、小雨、中雨、大雨、暴雨、大暴雨6个等级进行雨日联合统计，两种面雨量估算等级相关性较好，面雨量等级估算完全一致、偏低、偏高的雨日比例分别为78.75%、17.40%、3.85%，偏低现象比偏高现象明显。在小雨量级上，CMORPH和Gauge有2 117个雨日完全符合，有108个雨日CMORPH低估成无雨，有88个雨日CMORPH高估成中雨，有2个雨日CMORPH高估成大雨，CMORPH没有高估成暴雨及以上量级情形，在小雨量级上高、低估现象相差不大；在中雨量级上，CMORPH和Gauge有459个雨日完全符合，有275个雨日CMORPH低估成小雨，没有低估成无雨情形，有33个雨日CMORPH高估成大雨，CMORPH没有高估成暴雨及以上量级情形，在中雨量级上低估现象比高估现象明显；在大雨量级上，CMORPH和Gauge有260个雨日完全符合，有138个雨日CMORPH低估成中雨，有12个雨日低估成小雨，没有低估成无雨情形，有21个雨日CMORPH高估成暴雨，CMORPH没有高估成大暴雨情形，在大雨量级上低估现象虽比中雨量级比例小，但低估量级跨度大；在暴雨量级上，CMORPH和Gauge有124个雨日完全符合，有97个雨日CMORPH低估成大雨，有9个雨日低估成中雨，有2个雨日低估成小雨，没有低估成无雨情形，仅有2个雨日CMORPH高估成大暴雨，在暴雨量级上低估现象比大雨量级的比例大，且低估量级跨度大；在大暴雨量级上，CMORPH和Gauge有23个雨日完全符合，有15个雨日CMORPH低估成暴雨，有3个雨日低估成大雨，没有低估成中雨及以下情形，在大暴雨量级上低估现象比暴雨量级更明显，但低估量级跨度比暴雨量级小。

各面雨量等级的雨日统计分析结果与面雨量估算误差分析结果相同，CMORPH相对于Gauge低估现象比较明显。相差一个量级、两个量级、三个量级的比例分别为20.51%、0.69%、0.05%。各量级两种估算结果吻合比例最高为小雨量级(91.4%)，最低为暴雨量级(53.0%)，次低为大暴雨量级(56.1%)。中雨及其以上降水量级的吻合比例为50%～61%。

**表1.4　CMORPH和Gauge计算结果分量级日数分布**　　　　单位:d

| CMORPH | Gauge | | | | | |
|---|---|---|---|---|---|---|
| | 无雨<br>0 | 小雨<br>[0.1,6) | 中雨<br>[6,15) | 大雨<br>[15,30) | 暴雨<br>[30,60) | 大暴雨<br>[60,150) |
| 无雨0 | — | 108 | 0 | 0 | 0 | 0 |
| 小雨[0.1,6) | — | 2 117 | 275 | 12 | 2 | 0 |

续表

| CMORPH | Gauge | | | | | |
|---|---|---|---|---|---|---|
| | 无雨 0 | 小雨 [0.1,6) | 中雨 [6,15) | 大雨 [15,30) | 暴雨 [30,60) | 大暴雨 [60,150) |
| 中雨[6,15) | — | 88 | 459 | 138 | 9 | 0 |
| 大雨[15,30) | — | 2 | 33 | 260 | 97 | 3 |
| 暴雨[30,60) | — | 0 | 0 | 21 | 124 | 15 |
| 大暴雨[60,150) | — | 0 | 0 | 0 | 2 | 23 |
| 总日数 | — | 2 315 | 767 | 431 | 234 | 41 |

(4) 一次强降水过程 CMORPH 和 Gauge 逐日面雨量回归分析

以淮河流域 2010 年 7 月 15—20 日一次大范围持续性强降水天气过程为例，对 15 个子单元 CMORPH 和 Gauge 逐日面雨量估算结果进行回归分析，CMORPH 和 Gauge 两组样本的相关系数为 0.909，线性相关显著(图 1.19)。回归方程的斜率为 1.139，和前文总体分析相一致，CMORPH 比 Gauge 有一定程度的低估。

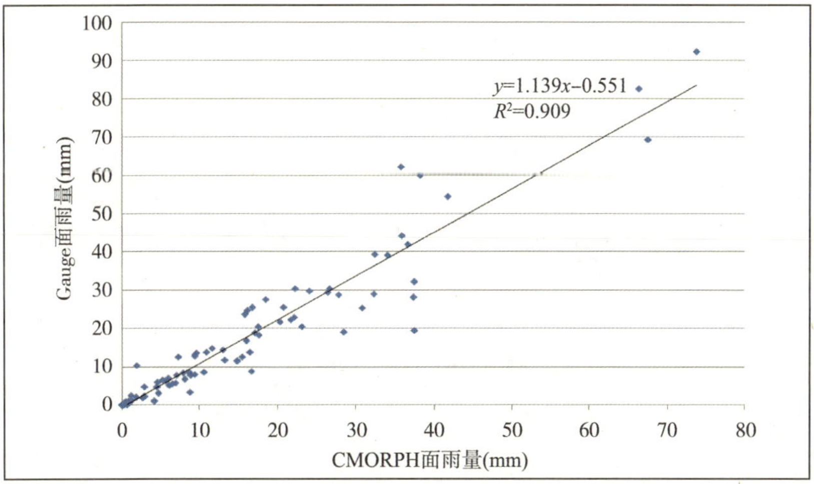


**图 1.19　CMORPH 与 Gauge 逐日面雨量线性拟合**

表 1.5 为 CMORPH 和 Gauge 逐日面雨量的估算结果及相对误差。小雨、中雨、大雨、暴雨、大暴雨的相对误差分别为 52.6%、25.2%、21.5%、19.6%、21.2%，平均相对误差为 31.3%；CMORPH 和 Gauge 逐日面雨量相比，有 56.7% 的估算样本被低估。强降水过程中的案例分析结果与各面雨量等级的

雨日统计分析结果以及面雨量估算误差分析结果相同，CMORPH 低估现象相对于 Gauge 比较明显。

此外，在本次过程的弱降水区域和时段，也出现了极少数相对误差较大的样本点。虽然两种估算结果面雨量绝对值无较大差别，但弱降水微小的估算偏差也可能会造成较大的相对误差，这从相对误差计算方法不难分析其原因。

## 1.4 多源降水信息融合与外推预报方法应用

INCA 系统是由奥地利气象局发展的短时临近预报系统[67]，旨在提高临近预报(0～2 h)、短时预报(0～12 h )的预报能力[68]。INCA 可以对包括降水在内的多种气象要素进行分析和预报[69]。

INCA 的最大特点是高分辨率，其分辨率为 1 km。在 1 km 的分辨率下 INCA 使得模式可以尽可能多地使用观测资料。INCA 的垂直坐标系采用的是高度坐标系(图 1.20)，最底层的定义为“地面山谷的高度”，垂直方向的精度为 200 m，总共有 21 层(包括地面层)。本研究中 INCA 的地图投影坐标采用兰勃脱投影，范围覆盖了淮河流域。

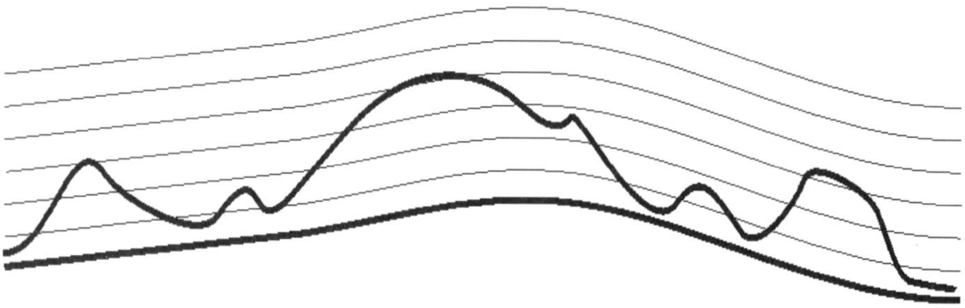

**图 1.20 INCA 坐标系**

### 1.4.1 INCA 的输入数据

(1) 数值模式输出产品

INCA 采用数值模式的输出产品作为初始场，分析场是利用观测资料在初始场上加上一个增量场。奥地利气象局 INCA 系统采用的数值天气预报模式为 ALADIN 模式，该模式是由奥地利和法国等国家共同开发的中尺度数值模式[67]，从 1999 年开始在奥地利气象局运行，水平分辨率是 9.6 km，垂直方向为 45 层。

**表 1.5　CMORPH 与 Gauge 逐日面雨量计算分析结果**

| 子单元 | 7月15日 | | | 7月16日 | | | 7月17日 | | | 7月18日 | | | 7月19日 | | | 7月20日 | | |
|---|---|---|---|---|---|---|---|---|---|---|---|---|---|---|---|---|---|---|
| | G (mm) | C (mm) | 相对误差(%) | G (mm) | C (mm) | 相对误差(%) | G (mm) | C (mm) | 相对误差(%) | G (mm) | C (mm) | 相对误差(%) | G (mm) | C (mm) | 相对误差(%) | G (mm) | C (mm) | 相对误差(%) |
| 1 | 12.8 | 9.4 | 26.6 | 28.8 | 27.8 | 3.5 | 92.2 | 73.8 | 20.0 | 25.3 | 30.8 | 21.7 | 11.4 | 14.9 | 30.7 | 12.5 | 15.5 | 24.0 |
| 2 | 5.9 | 4.6 | 22.0 | 39.2 | 32.4 | 17.3 | 16.7 | 16.0 | 4.2 | 25.4 | 16.8 | 33.9 | 13.1 | 9.4 | 28.2 | 54.3 | 41.7 | 23.2 |
| 3 | 0.5 | 0.8 | 60.0 | 28.0 | 37.4 | 33.6 | 19.0 | 28.5 | 50.0 | 25.5 | 20.8 | 18.4 | 23.6 | 15.8 | 33.1 | 2.4 | 1.1 | 54.2 |
| 4 | 0.7 | 1.0 | 42.9 | 62.1 | 35.7 | 42.5 | 2.9 | 4.7 | 62.1 | 8.5 | 10.6 | 24.7 | 3.2 | 8.8 | 175.0 | 28.9 | 32.3 | 11.8 |
| 5 | 8.3 | 7.9 | 4.8 | 4.6 | 4.5 | 2.2 | 44.1 | 35.9 | 18.6 | 2.1 | 2.9 | 38.1 | 69.2 | 67.5 | 2.5 | 0.0 | 0.2 | — |
| 6 | 0.8 | 0.5 | 37.5 | 5.0 | 6.1 | 22.0 | 18.2 | 17.6 | 3.3 | 30.3 | 26.6 | 12.2 | 27.5 | 18.5 | 32.7 | 6.2 | 5.6 | 9.7 |
| 7 | 0.0 | 0.6 | — | 32.1 | 37.5 | 16.8 | 1.8 | 2.7 | 50.0 | 6.6 | 8.1 | 22.7 | 12.6 | 7.3 | 42.1 | 8.7 | 16.7 | 92.0 |
| 8 | 0.7 | 0.4 | 42.9 | 0.9 | 4.2 | 366.7 | 30.4 | 22.3 | 26.6 | 8.5 | 8.7 | 2.4 | 18.8 | 17.1 | 9.0 | 6.5 | 5.2 | 20.0 |
| 9 | 0.1 | 0.1 | 0.0 | 0.9 | 0.8 | 11.1 | 20.5 | 17.5 | 14.6 | 5.5 | 6.5 | 18.2 | 14.3 | 13.0 | 9.1 | 5.7 | 6.9 | 21.1 |
| 10 | 0.3 | 0.2 | 33.3 | 7.9 | 9.4 | 19.0 | 7.7 | 8.9 | 15.6 | 4.6 | 2.9 | 37.0 | 0.2 | 0.3 | 50.0 | 13.5 | 9.6 | 28.9 |
| 11 | 0.0 | 0.0 | — | 0.2 | 0.1 | 50.0 | 24.6 | 16.1 | 34.6 | 7.7 | 7.0 | 9.1 | 1.9 | 1.8 | 5.3 | 22.2 | 21.7 | 2.3 |
| 12 | 0.0 | 0.0 | — | 0.0 | 0.0 | — | 13.8 | 10.9 | 21.0 | 19.4 | 37.5 | 93.3 | 13.7 | 16.5 | 20.4 | 59.9 | 38.2 | 36.2 |
| 13 | 10.3 | 1.9 | 81.6 | 0.0 | 0.0 | — | 29.3 | 26.4 | 9.9 | 82.8 | 66.4 | 19.8 | 20.4 | 23.1 | 13.2 | 6.8 | 6.0 | 11.8 |
| 14 | 0.0 | 0.0 | — | 0.0 | 0.0 | — | 21.6 | 20.3 | 6.0 | 11.7 | 13.3 | 13.7 | 22.8 | 22.1 | 3.1 | 14.8 | 11.6 | 21.6 |
| 15 | 0.0 | 0.1 | — | 0.0 | 0.0 | — | 39.1 | 34.0 | 13.0 | 29.8 | 24.1 | 19.1 | 41.9 | 36.6 | 12.6 | 1.2 | 1.1 | 8.3 |

注:C 代表 CMORPH;G 代表 Gauge。

INCA 系统需要高时空分辨率的数值预报模式输出的气象要素分析场和预报场的支持，但全球各预报中心共享的数值预报模式分析场和要素场非常有限，不能满足 INCA 系统的需求。而中尺度模式 WRF 是近年来发展的数值模式，虽然模式的预报性能还有待于进一步改进，但其输出的高时空精度的分析场和预报场，可以为科研提供非常丰富的信息。原版 INCA 系统采用的输入模式 ALADIN 是非开放的数值模式。鉴于此，本研究采用 WRF 模式替代原版 INCA 系统所采用的输入模式 ALADIN。

WRF 模式采用三重嵌套网格，分辨率分别为 45 km、15 km 和 5 km，其中 INCA 系统使用的模式产品为第三重嵌套网格，其范围和地形如图 1.21 所示。

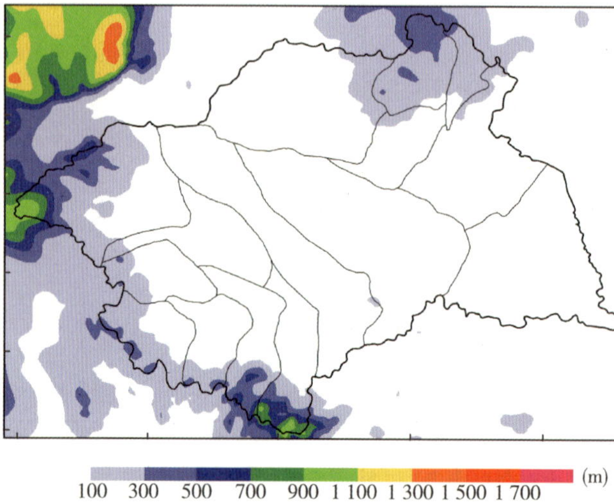


**图 1.21　INCA 中 WRF 模式的范围和地形高度**

(2) 地面气象资料和多源降水数据

地面气象资料是 INCA 使用的最重要数据。INCA 中使用到的地面自动站观测要素包括 2 m 温度、相对湿度、露点温度、10 m 风速、降水总量、逐分钟降水量和日照时间。

INCA 使用的多源降水数据有雷达定量降水监测数据、CMORPH 融合降水产品及地面观测雨量资料。

(3) 地形数据

INCA 中使用的 1 km 分辨率的地形数据是由美国地质调查局(the United States Geological Survey, USGS)[70]提供的 30 秒地形数据通过双线性插值得到的(图 1.22)。30 秒的地形数据在纬度方向上的分辨率约为 925 m,在经度方向上约为 785 m。

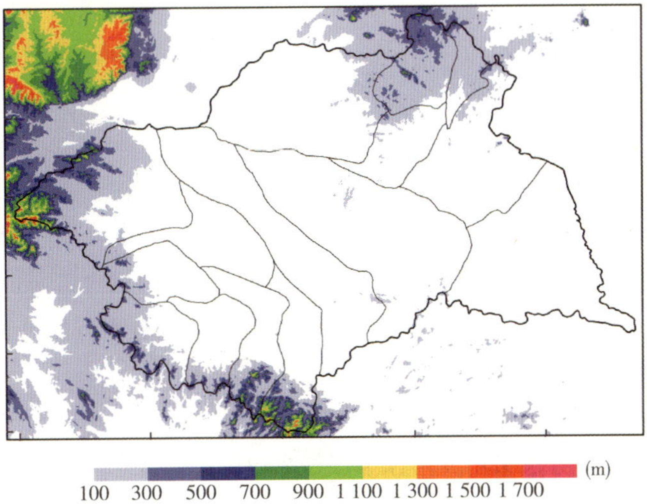


**图 1.22　INCA 中的 30 秒分辨率地形数据**

(4) 其他地形导出变量

INCA 主要使用到两个地形导出变量,一个是"地面山谷高度",代表了山谷的平均高度,是通过寻找 10 km 范围内的最低高度,并经过平滑得到的(图 1.23);另外一个地形导出变量为"地表指数"(Surface Layer Index, $I_{SFC}$),主要

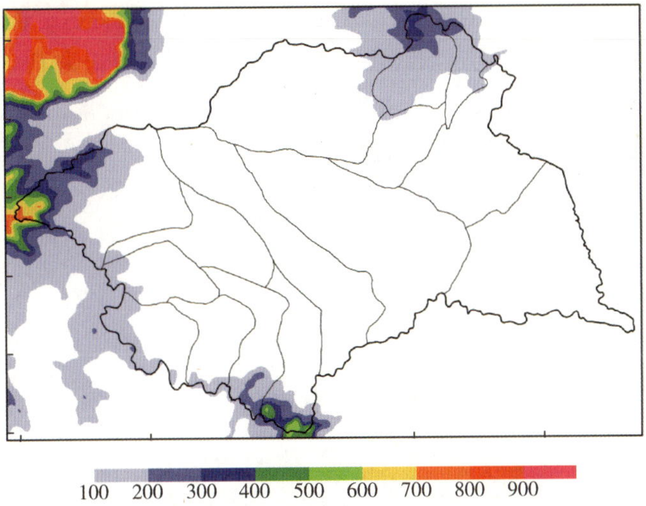


**图 1.23　INCA 中的"地面山谷高度"**

反映了本地地形与周围地形的差异程度，用于降水分析，其计算公式如下：

$$I_{SFC}(i,j)=\max\left[0,\min\left(1,1-\frac{z(i,j)-\overline{z(i,j)}^{l}-z_{SCALE}}{z_{SCALE}}\right)\right] \tag{1.15}$$

式中：$z(i,j)$ 代表地形高度(m)；$\overline{z(i,j)}^{l}$ 代表周围地形的平均高度(m)；$z_{SCALE}$ 为常数，取 150 m 。

### 1.4.2 INCA 的降水分析模块

INCA 的降水分析模块首先采用 CMORPH 融合降水产品对雷达定量降水进行“气候订正”和“局地订正因子”以消除地形及山区阻挡对雷达定量降水的影响，再利用地面观测雨量进行校正和融合。INCA 降水分析分成以下四步。

(1) 观测站降水量的插值

将自动站逐分钟的降水量累加成 10 分钟的降水总量，再插值到 INCA 规则的网格点上。插值方法采用 $n$ 阶($n=2$)距离权重方法，即

$$P_{STAT}(i,j)=\frac{\sum_{k}\frac{P_k}{r_{ijk}^{n}}}{\sum_{k}\frac{1}{r_{ijk}^{n}}} \tag{1.16}$$

式中：$r_{ijk}=\sqrt{(x_k-x_i)^2+(y_k-y_j)^2}$ 表示格点$(i,j)$ 到测站 $k$ 的距离。

(2) 采用 CMORPH 融合降水产品的气候和局地订正

采用时空连续性和可靠性较高的 CMORPH 融合降水产品对雷达定量降水进行“气候订正”和“局地订正因子”以消除地形及山区阻挡对雷达定量降水的影响。首先将雷达估测降水数据通过双线性插值到 INCA 网格点，记为 $P_{RADAR}(i,j)$ 。由于雷达估测降水依赖于距离，并且由于地形的作用，雷达估测降水会存在偏差，需要做“气候订正”，订正因子 $RFC_k$ 可通过逐月统计得到。

$$RFC_k=\frac{\sum_{\text{month}}P_{CMORPH,k}}{\sum_{\text{month}}P_{RADAR,k}} \tag{1.17}$$

另外再计算一个“局地订正因子”，用于解决被山区阻挡、雷达回波较弱的区域雷达定量降水问题，其计算公式为

$$RFC_l(i,j)=\frac{\sum_{\text{month}}P_{CMORPH}(i,j)}{\sum_{\text{month}}P_{RADAR}(i,j)} \tag{1.18}$$

“气候订正”后的雷达估测降水为

$$P_{RADAR}^{*}(i,j) = \max[RFC(i,j), RFC_l(i,j)] P_{RADAR}(i,j) \tag{1.19}$$

(3) 采用临近观测站降水量的偏移订正

对“气候订正”后的估测降水利用临近观测站的观测降水量再进行一次订正。考虑到风偏移等因素的影响，对雷达观测降水水平方向进行平移，最大范围为4 km，使得雷达估测降水和观测站降水能够最大程度地吻合。然后利用周围的观测站对雷达估测降水进行订正，其计算方法如下：

$$P_{RADAR}^{**}(i,j) = \frac{\sum_k [w_{ijk} \cdot RFA_{ijk} \cdot P_{RADAR}^{*}(i,j)]}{\sum_k w_{ijk}} \tag{1.20}$$

其中，

$$w_{ijk} = \frac{\min\left[1, \frac{P_{RADAR,k}^{*}}{P_{RADAR}^{*}(i,j)}\right]}{r_{ijk}^2 + [c\,(RFC_k - RFC(i,j))]^2}$$

$r_{ijk}$ 为格点和观测点之间的距离，而系数 $c=10$ km。

$$RFA_{ijk} = \min\left[RFA^{+}(i,j), \frac{P_{STAT,k}}{P_{RADAR,k}^{*}}\right] \tag{1.21}$$

其中：$RFA^{+}(i,j)$ 是“气候订正因子”的函数，即

$$RFA^{+}(i,j) = \min[RFA_{\max}, \max(RFA_{\min}, RFC_P - RFC(i,j))] \tag{1.22}$$

式中：$RFA_{\max} = 3, RFA_{\min} = 1, RFC_P = 5$ 。

总之，每一个格点订正后的降水是该格点最临近雨量站降水观测值与该格点雷达估算降水比率的加权平均，权重随着距离增加、“气候订正”因子差值增加、观测点的降水量减小而下降。

(4) 观测降水和订正后估测降水的融合

将 $P_{STAT}(i,j)$ 和 $P_{RADAR}^{**}(i,j)$ 组合，得到最优估计的降水场 $P_{INCA}(i,j)$ 。其组合方法为

$$P_{INCA}(i,j) = P_{STAT}(i,j) + v(i,j)[P_{RADAR}^{**}(i,j) - P_{RADARSTAT}^{**}(i,j)] \tag{1.23}$$

当 $RFC < RFC_0$ 时，权重系数 $v(i,j)=1$，否则

$$v(i,j) = \exp\left[-\ln(2)\left(\frac{RFC - RFC_0}{RFC_H - RFC_0}\right)^2\right]$$

$P^{**}_{RADARSTAT}(i,j)$ 是订正后的估测站点上的雷达估测降水再插值到网格点而得到的。

### 1.4.3 INCA 降水外推预报模块

INCA 降水预报由两部分组成：基于观测降水的外推；数值模式的降水预报。外推方法是基于前面几个时次的降水分析场（降水估算场）获得降水数据。数值模式预报降水及用于外推预报的 500 hPa 和 700h Pa 风场为 WRF 模式的降水预报和风场预报资料。

INCA 降水外推预报是基于前面几个时次的降水场进行矢量外推获得的。通过对各种外推矢量一系列的试验可知，0～2 小时内从 INCA 降水分析场计算的外推矢量较好。

为避免虚假相关性可能造成超出实际的大运动速度，采用 500 hPa 和 700 hPa 风场进行外推矢量订正，其订正方法如下：

$$|\vec{V}_{KORR}| + |\vec{V}_{KORR} - \vec{V}_{WRF}| \leqslant |\vec{V}_{WRF}| + 2\Delta \quad (1.24)$$

其中：$\vec{V}_{KORR}$ 为订正后的外推矢量；$\vec{V}_{WRF}$ 为 WRF 模式的 500 hPa 或 700 hPa 的数据（哪一层更接近 $\vec{V}_{KORR}$，则为哪一层）；$\Delta$ 是预先给定的外推矢量和数值模式风场允许的最大偏差，$\Delta = 5$ m/s 。式(1.24)的物理意义可以用图 1.24 来表示。

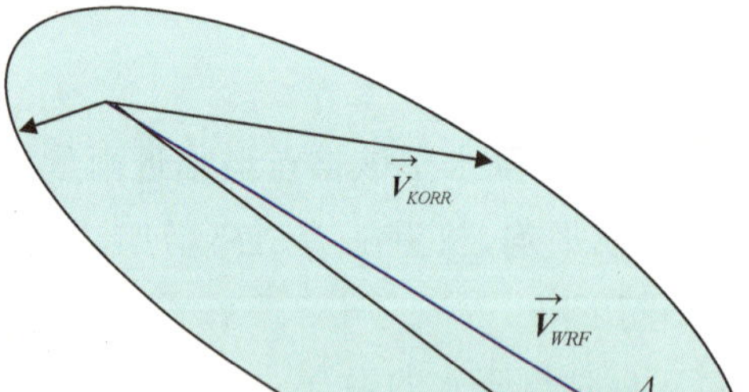


**图 1.24　INCA 中的外推矢量风场订正示意图**

WRF 数值模式预报的降水采用距离权重插值到 INCA 网格点上，即 $P_{OPT}$ ，最终 INCA 预报的降水量为

$$P_{INCA}(t_i) = g(t_i)P_{EXTRAP}(t_i) + [1 - g(t_i)]P_{OPT}(t_i) \quad (1.25)$$

其中，

$$g(t_i) = \max\left[\min\left(1 - \frac{t_i - \tau_{p1}}{\tau_{p2} - \tau_{p1}}, 1\right), 0\right]$$

式中：$\tau_{p1} = 2$ 小时，$\tau_{p2} = 6$ 小时。

在前 2 个小时内，外推预报优于数值模式预报；2～6 小时，数值模式预报优于外推预报。

### 1.4.4　应用实例分析

INCA 的最大特点是高分辨率，其分辨率为 1 km。在 1 km 的分辨率下，观测站所具有的代表性范围和模式分辨率基本一致，使得模式可以尽可能多地使用观测资料，同时能保留雷达观测的细微结构，比如对流单体等。图 1.25 是 2015 年 6 月 24 日淮河流域一次强降水过程 QPE/QPF 的应用结果。时间分辨率为 1 h、空间分辨率为1 km 的QPE 是由 INCA 系统降水分析模块输出的时间分辨率为 10 分钟、空间分辨率为 1 km 的高时空分辨率融合降水估算累加得到的，时间分辨率为 1 h、空间分辨率为 1 km 的定量降水预报(Quantitative Precipitation Forecasting, QPF)由 INCA 系统降水外推模块得到。左图为基于 INCA 的多源降水信息融合 QPE，2015 年 6 月 24 日 10 时为起始时刻，时间分辨率为1 h、空间分辨率为 1 km。右图为基于外推法的 1～6 h QPF，2015 年 6 月 24 日 9 时为起报时刻，预见期依次为 1～6 h，时空分辨率和 QPE 相同，时间上亦一一对应。如左图 2015 年 6 月 24 日 10 时的 1 h QPE 对应于右图 2015 年 6 月 24 日 9 时的预见期为 1 h QPF，左图 2015 年 6 月 24 日 11 时的 1 h QPE 对应于右图 2015 年 6 月 24 日 9 时的预见期为 2 h QPF，2015 年 6 月 24 日 12 时的 1 h QPE 对应于右图 2015 年 6 月 24 日 9 时的预见期为 3 h QPF，……，以此类推。

时间分辨率为 1 h、空间分辨率为 1 km 的高时空分辨率 QPE 对于雨区空间分布具有较好的监测能力，能刻画出降水带与强降水中心的细微结构。时间分辨率为 1 h、空间分辨率为 1 km 的高时空分辨率 QPF 也具有较好的外推预报能力，不仅能较好地预报出雨带位置，而且对于雨带结构具有一定的预报能力，降水强度和强降水中心有一定的预报偏差，尤其是 1～2 h 预见期 QPF 降水强度偏大。

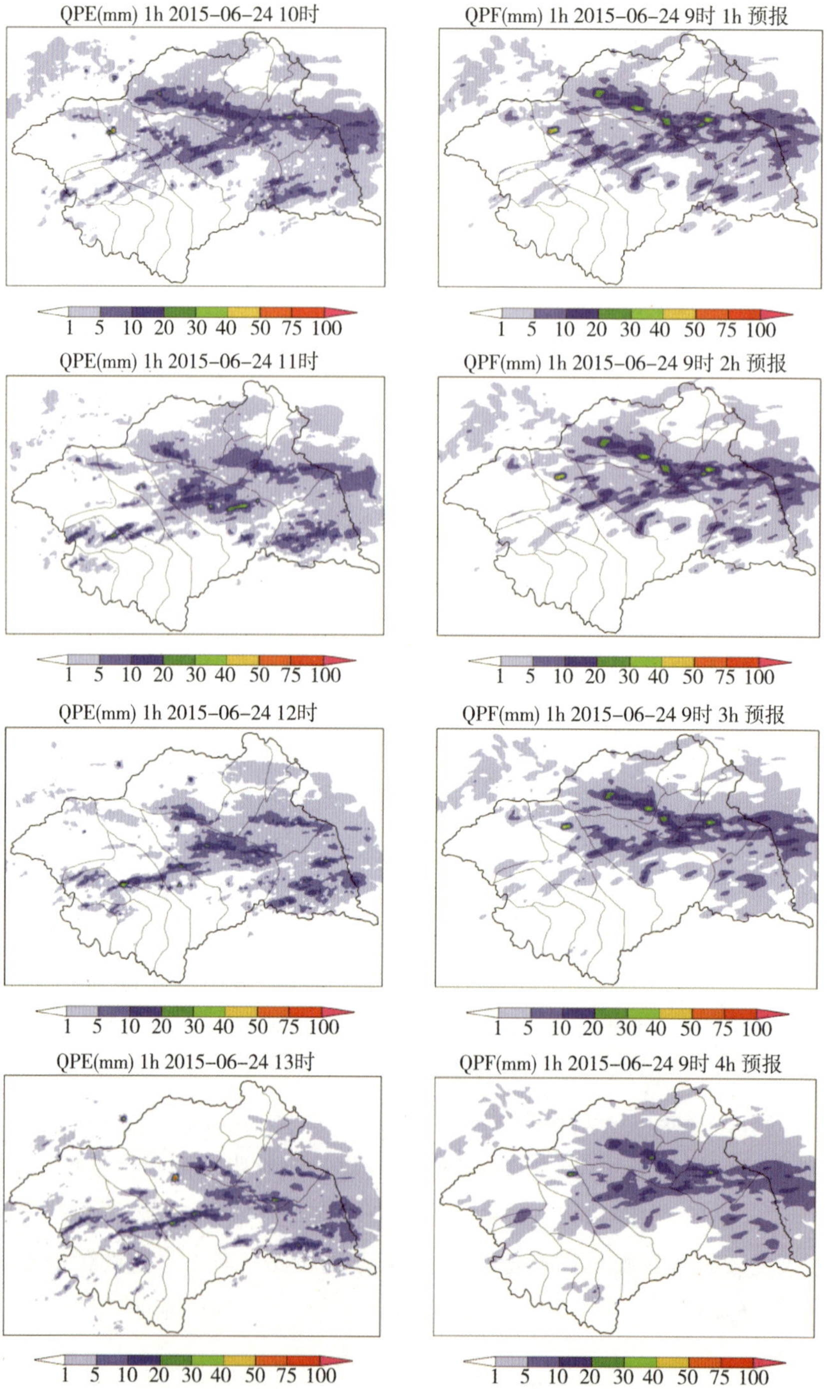
QPE(mm) 1h 2015-06-24 10时
QPF(mm) 1h 2015-06-24 9时 1h 预报
1 5 10 20 30 40 50 75 100
QPE(mm) 1h 2015-06-24 11时
QPF(mm) 1h 2015-06-24 9时 2h 预报
1 5 10 20 30 40 50 75 100
QPE(mm) 1h 2015-06-24 12时
QPF(mm) 1h 2015-06-24 9时 3h 预报
1 5 10 20 30 40 50 75 100
QPE(mm) 1h 2015-06-24 13时
QPF(mm) 1h 2015-06-24 9时 4h 预报
1 5 10 20 30 40 50 75 100

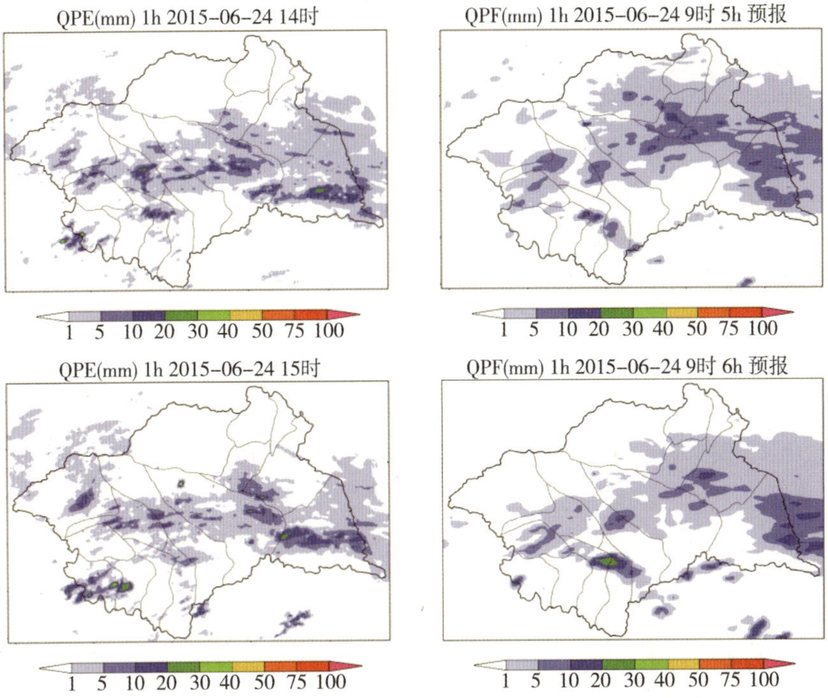


**图 1.25　2015 年 6 月 24 日淮河流域一次强降水过程 QPE/QPF 应用结果**
**（左列：QPE；右列：6 月 24 日 9 时 1～6 h QPF）**

由 INCA 系统输出的 QPF 对于降水分布的预报能力随着预见期的延长而下降，从平均绝对误差（*MAE*）变化情况看（图 1.26），1 h 预见期 QPF 平均绝对误差最小，2 h 预见期 QPF 平均绝对误差迅速增大，2～6 h 预见期 QPF 平均绝对误差呈缓慢增大的趋势，到 6 h 预见期，QPF 平均绝对误差与 WRF 数值模式相同。

对于 WRF 数值模式的定量降水预报，1～6 h 预见期 QPF 平均绝对误差（*MAE*）变化不大，始终高于 INCA 系统输出的 QPF 平均绝对误差。两种 QPF 的平均绝对误差曲线相对位置和变化趋势说明，INCA 系统降水分析模块可有效改进 1～6 h 预见期内的 QPF，尤其对于 2 h 预见期内的 QPF。根据 INCA 系统降水外推模块所采用的计算公式，2 h 预见期内 QPF 是由外推法做贡献的。2～6 h 预见期，外推法的贡献越来越小，WRF 数值模式的贡献越来越大，6 h 预见期 QPF 实际上就是 WRF 数值模式输出的定量降水预报。

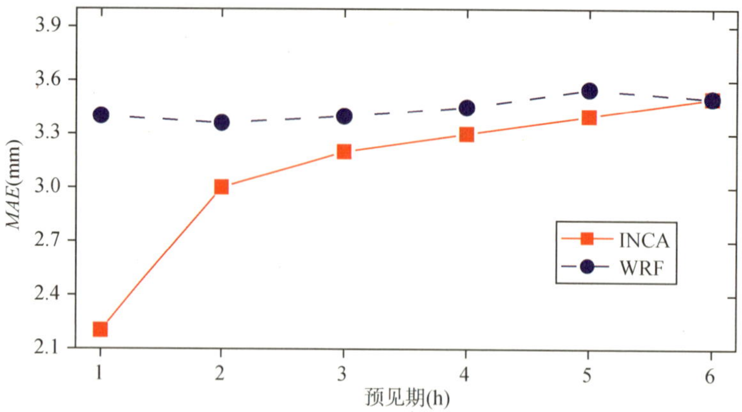


**图 1.26　2015 年 6 月 24 日 QPF 平均绝对误差随预见期的变化**

## 1.5　小结

本章对基于误差分析的雷达降水估算集成方法进行了系统介绍，在对多部新一代天气雷达回波数据进行预处理、数据重采样、坐标转换的基础上实现淮河流域多部雷达数据拼图，提出了基于误差分析的雷达降水估算集成方法。以根据地面雨量站资料对淮河流域面雨量的估算为参考值，对基于 CMORPH 融合降水产品的淮河流域面雨量监测性能进行了检验评估，分析了 CMORPH 融合降水产品与地面雨量站资料的相关性和系统偏差。建立了基于 INCA 的多源降水信息融合与外推预报方法，实现了淮河流域高时空分辨率的定量降水监测和短时临近定量降水预报。

(1) 以降水估算结果随机误差变化分析为基础，从 5 种雷达降水估算方法中挑选出随机误差最小的最佳估算方法。根据自然子流域划分子流域，每个子流域(子单元)独立采用基于误差分析的最佳估算方法，即“基于子流域最佳方法选择”雷达测雨集成方法。这种方法体现出了明显的优势，对于降水场及降水强度的监测性能均有最佳表现。

“基于子流域最佳方法选择”雷达测雨集成方法在 2007 年 7 月上旬淮河流域降水过程的应用表明：总体上，在降水强度较小的情况下，“基于子流域最佳方法选择”雷达测雨集成方法是一种有效的多种估算集成应用方法。本研究基于子流域的划分是根据自然子流域确定的，子流域越小，降水空间变异性的影响越小。若流域子单元空间范围过大，把此空间内的降水系统或降水类型做“单一化”假定处理，显然与实际情况有所偏差，尤其是对于有多种类型混合的强降水系统，因没有考虑其空间变异性，产生的降水估算偏差可能更大，定量降水估算的效果必然会受到影响。

（2）将地面雨量站资料作为参考值，对基于 CMORPH 融合降水产品的淮河流域面雨量监测性能进行了检验评估。15 个子单元的两种面雨量估算结果整体上系统性偏低，但两种面雨量估算结果在降水量级上吻合度较好，相差一个量级、两个量级、三个量级的比例分别为 20.51%、0.69%、0.05%。各量级两种估算结果吻合比例最高为小雨量级(91.4%)，最低为暴雨量级(53.0%)，次低为大暴雨量级(56.1%)。中雨及其以上降水量级的吻合比例为 50%～61%。在小雨量级上高、低估现象相差不大；在中雨量级上低估现象比高估现象明显；在大雨量级上低估现象虽比中雨量级比例小，但低估量级跨度大；在暴雨量级上低估现象比大雨量级的比例大，且低估量级跨度大；在大暴雨量级上低估现象比暴雨量级更明显，但低估量级跨度比暴雨量级小。虽然两种面雨量估算结果有系统性偏差，但线性相关显著且线性拟合效果较好。

（3）引进奥地利气象局发展的短时临近预报系统 INCA，采用气候订正、局地订正和风场偏移订正方法进行多源降水信息的融合，生成时间分辨率为 1 h、空间分辨率为 1 km 的高时空分辨率 QPE。INCA 系统降水外推模块根据连续时次的 QPE，计算外推矢量并进行外推预报，对雨区空间分布具有较好的监测能力，能刻画出降水带与强降水中心的细微结构。同时，利用 WRF 数值模式的风场预报资料进行外推矢量订正，并采用变权重方法对外推降水预报和 WRF 数值模式降水预报进行集成，输出时间分辨率为 1 h、空间分辨率为 1 km 的高时空分辨率 QPF。

由 INCA 系统输出的 QPF 对于降水分布的预报能力随着预见期的延长而下降。1 h 预见期 QPF 平均绝对误差最小，2 h 预见期 QPF 平均绝对误差迅速增大，2～6 h 预见期 QPF 平均绝对误差呈缓慢增大的趋势。总体上，INCA 系统输出的时间分辨率为 1 h、空间分辨率为 1 km 的高时空分辨率 QPF 相对于 WRF 数值模式降水预报具有较好的预报能力。

## 参考文献

[1] SAPIANO M R P, ARKIN P A. An intercomparison and validation of

high-resolution satellite precipitation estimates with 3-hourly gauge data [J]. Journal of Hydrometeorology, 2009, 10(1): 149-166.

[2] JIANG S-H, REN L-L, YONG B, et al. Evaluation of high-resolution satellite precipitation products with surface rain gauge observations from Laohahe Basin in northern China[J]. Water Science and Engineering, 2010, 3(4): 405-417.

[3] NINOMIYA K, AKIYAMA T. Objective analysis of heavy rainfalls based on radar and gauge measurements[J]. Journal of Meteorological Society of Japan, 1978, 56(3): 206-210.

[4] SEED A W, NICOL J, AUSTIN G L, et al. The impact of radar and raingauge sampling errors when calibrating a weather radar[J]. Meteorological Applications, 1996, 3(1): 43-52.

[5] SUN X, MEIN R G, KEENAN T D, et al. Flood estimation using radar and raingauge data[J]. Journal of Hydrology, 2000, 239(1): 4-18.

[6] ARKIN P A, XIE P. The global precipitation climatology project: First algorithm intercomparison project[J]. Bulletin of the American Meteorological Society, 1994, 75(3): 401-419.

[7] HUFFMAN G J, BOLVIN D T, NELKIN E J, et al. The TRMM multisatellite precipitation analysis: Quasi-global, multi-year, combined-sensor precipitation estimates at fine scale[J]. Journal of Hydrometeorology, 2007, 8(1): 38-55.

[8] 陈晓晨，徐影，许崇海，等. CMIP5 全球气候模式对中国地区降水模拟能力的评估[J]. 气候变化研究进展，2014，10(3)：217-225.

[9] HUFFMAN G J, ADLER R F, BOLVIN D T, et al. Improving the Global Precipitation Record: GPCP Version 2. 1[J]. Geophysical Research Letters, 2009, 36(17): 153-159.

[10] SHEN Y, XIONG A Y, WANG Y, et al. Performance of high-resolution satellite precipitation products over China[J]. Journal of Geophysical Research: Atmospheres (1984—2012), 2010, 115(D2): 2114-2131.

[11] JOYCE R J, JANOWIAK J E, ARKIN P A, et al. CMORPH: A method that produces global precipitation estimates from passive microwave and infrared data at high spatial and temporal resolution[J]. Journal of

Hydrometeorology，2004，5(3)：487-503.

[12] 潘旸，宇婧婧，廖捷，等. 地面和卫星降水产品对台风莫拉克降水监测能力的对比分析[J]. 气象，2011，37(5)：564-570.

[13] HARRISON D L，DRISCOLL S J，KITCHEN M. Improving precipitation estimates from weather radar using quality control and correction techniques[J]. Meteorological Applications，2000，7(2)：135-144.

[14] MOORE R J，COLE S J，ILLINGWORTH A J. Weather Radar and Hydrology[J]. Proceedings of a Symposium，Exeter，UK，2011.

[15] HARRISON D. Impact of operational wind farms in the United Kingdom on weather radar products[A]//Proceedings of the Seventh European Conference on Radar in Meteorology and Hydrology[C]. Toulouse，France，2012.

[16] PRADHAN D，DE U K. Doppler Weather Radar analysis of short term cyclonic storm[J]. Mausam，2012，63(3)：459-468.

[17] KLAZURA G E，IMY D A. A description of the initial set of analysis products available from the NEXRAD WSR-88D system[J]. Bulletin of the American Meteorological Society，1993，74(7)：1293-1311.

[18] WESTRICK K J，MASS C F，COLLE B A. The limitations of the WSR-88D radar network for quantitative precipitation measurement over the coastal western United States[J]. Bulletin of the American Meteorological Society，1999，80(11)：2289-2298.

[19] STUMPF G J，WITT A，MITCHELL E D，et al. The National Severe Storms Laboratory Mesocyclone Detection Algorithm for the WSR-88D[J]. Weather and Forecasting，1998，13(2)：304-326.

[20] KNEBL M，YANG Z L，HUTCHISON K，et al. Regional scale flood modeling using NEXRAD rainfall，GIS，and HEC-HMS/RAS：A case study for the San Antonio River Basin Summer 2002 storm event[J]. Journal of Environmental Management，2005，75(4)：325-336.

[21] VILLARINI G，KRAJEWSKI W F. Review of the different sources of uncertainty in single polarization radar-based estimates of rainfall[J]. Surveys in Geophysics，2010，31(1)：107-129.

[22] SMITH J A, SEO D J, BAECK M L, et al. An intercomparison study of NEXRAD precipitation estimates[J]. Water Resources Research, 1996, 32(7): 2035-2045.

[23] 朱小燕，朱君鉴. 我国新一代天气雷达网监测系统[J]. 气象科技，2004，32(4)：255-257+308.

[24] 俞小鼎. 新一代天气雷达业务应用论文集[M]. 北京：气象出版社，2008.

[25] 肖艳姣，刘黎平. 新一代天气雷达网资料的三维格点化及拼图方法研究[J]. 气象学报，2006，64(5)：647-657.

[26] 许小峰. 中国新一代多普勒天气雷达网的建设与技术应用[J]. 中国工程科学，2003，5(6)：73-14.

[27] 俞小鼎，王迎春，陈明轩，等. 新一代天气雷达与强对流天气预警[J]. 高原气象，2005，24(3)：456-464.

[28] 邓志强，吴萍，朱虹. 新一代天气雷达观测数据质量的影响因素与提高方法[J]. 现代农业科技，2015(17)：278-279.

[29] 赵坤，葛文忠，刘国庆，等. 在雷达测雨和洪水预报中自适应卡尔曼滤波法的应用[J]. 高原气象，2005，24(6)：956-965.

[30] 李致家，刘金涛，葛文忠，等. 雷达估测降水与水文模型的耦合在洪水预报中的应用[J]. 河海大学学报(自然科学版)，2004，32(6)：601-606.

[31] 刘晓阳，毛节泰，李纪人，等. 雷达联合雨量计估测降水模拟水库入库流量[J]. 水利学报，2002，33(4)：51-55.

[32] 刘晓阳，毛节泰，李纪人，等. 雷达估测降水模拟史灌河流域径流[J]. 北京大学学报(自然科学版)，2002，38(3)：342-349.

[33] ANAGNOSTOU E N, KRAJEWSKI W F. Real-time radar rainfall estimation. Part Ⅰ: Algorithm formulation[J]. Journal of Atmospheric and Oceanic Technology, 1999, 16(2): 189-197.

[34] ANAGNOSTOU E N, KRAJEWSKI W F. Real-time radar rainfall estimation. Part Ⅱ: Case study[J]. Journal of Atmospheric and Oceanic Technology, 1999, 16(2): 198-205.

[35] 戴铁丕，张培昌，薛根源. 确定Z-I关系的几种方法及其在定量测雨中的精度[J]. 南京气象学院学报，1983(2)：215-222.

[36] 刘娟，宋子忠，刘东风，等. 分组Z-I关系及其在淮河流域雷达测雨中应用[J]. 气象科学，1999，19(2)：213-220.

[37] 姚燕飞，程明虎，杨洪平，等. 优化 Z－I 关系及其在淮河流域面雨量测量中的应用[J]. 气象，2007，33(6)：37-43.
[38] BRANDES E A. Optimizing rainfall estimates with the aid of radar[J]. Journal of Applied Meteorology，1975，14(7)：1339-1345.
[39] STEINER M，SMITH J A，BURGES S J，et al. Effect of bias adjustment and rain gauge data quality control on radar rainfall estimation[J]. Water Resources Research，1999，35(8)：2487-2503.
[40] AHNERT P R，KRAJEWSKI W F，JOHNSON E R. Kalman filter estimation of radar-rainfall field bias[J]. Snowmass，23rd Conference in Radar Meteorology，AMS，1986：33-37.
[41] SMITH J A ，KRAJEWSKI W F. Estimation of the mean field bias of radar rainfall estimates[J]. Journal of Applied Meteorology，1991，30(4)：397-412.
[42] 李建通，张培昌. 最优插值法用于天气雷达测定区域降水量[J]. 台湾海峡，1996，15(3)：255-259.
[43] 李建通，杨维生，郭林，等. 提高最优插值法测量区域降水量精度的探讨[J]. 大气科学，2000，24(2)：263-270.
[44] 郭忠立，刘黎平. 最优插值校准法定量估测降水及效果分析[J]. 成都信息工程学院学报，2011，26(2)：197-202.
[45] 黄勇，胡雯，何永健，等. 多部雷达联合估算淮河流域降水[J]. 气象科学，2010，30(2)：268-273.
[46] 万玉发，张家国，杨洪平，等. 联合雷达网和卫星定量监测与预报长江流域大范围降水[J]. 应用气象学报，1998，9(1)：94-103.
[47] 尹忠海，张沛源. 利用卡尔曼滤波校准方法估算区域降水量[J]. 应用气象学报，2005，16(2)：213-219+270.
[48] 刘黎平，钱永甫，王致君. 双线偏振雷达的水文预报领域的应用——实时水文预报系统的研制[J]. 高原气象，1996，15(4)：508-514.
[49] 程明虎，刘黎平，张沛源，等. 暴雨系统的多普勒雷达反演理论和方法[M]. 北京：气象出版社，2004.
[50] ADLER R F，HUFFMAN G J，CHANG A，et al. The version-2 Global Precipitation Climatology Project（GPCP）monthly precipitation analysis (1979-present)[J]. Journal of Hydrometeorology，2003，4(6)：1147-1167.

[51] JANOWIAK J E, XIE P P. CAMS-OPI: A global satellite-rain gauge merged product for real-time precipitation monitoring applications[J]. Journal of Climate, 1999, 12(11): 3335-3342.

[52] KUMMEROW C, BARNES W, KOZU T, et al. The Tropical Rainfall Measuring Mission (TRMM) sensor package[J]. Journal of Atmospheric and Oceanic Technology, 1998, 15(3): 809-817.

[53] HAILE A T, HABIB E, RIENTJES T. Evaluation of the Climate Prediction Center (CPC) MORPHing technique (CMORPH) rainfall product on hourly time scales over the source of the Blue Nile River[J]. Hydrological Processes, 2013, 27(12): 1829-1839.

[54] LAWS K B, JANOWIAK J E, HUFFMAN G J. Verification of rainfall estimates over Africa using RFE, NASA MPA-RT, and CMORPH[A]. AGU Fall Meeting Abstracts, 2003: A41E0731L.

[55] 潘旸，沈艳，宇婧婧，等. 基于最优插值方法分析的中国区域地面观测与卫星反演逐时降水融合试验[J]. 气象学报，2012，70(6)：1381-1389.

[56] 沈艳，潘旸，宇婧婧，等. 中国区域小时降水量融合产品的质量评估[J]. 大气科学学报，2013，36(1)：37-46.

[57] 沈艳，游然，冯明农. PEHRPP 计划简介及在中国大陆区域的数据质量评估[A]//第七届全国优秀青年气象科技工作者学术研讨会论文集[C]. 宜昌:第七届全国优秀青年气象科技工作者学术研讨会,2010.

[58] 张培昌,戴铁丕,杜秉玉,等. 雷达气象学[M]. 北京：气象出版社，1988.

[59] 叶金印，邱旭敏，黄勇，等. 气象遥感图像及格点场重采样插值方法[J]. 计算机工程与应用，2013，49(18)：237-241+252.

[60] 傅云飞，宇如聪，崔春光，等. 基于热带测雨卫星探测的东亚降水云结构特征的研究[J]. 暴雨灾害，2007，26(1)：9-20.

[61] 官莉，王振会，裴晓芳. 雷达估测降水集成方法及其效果比较[J]. 气象科学，2004，24(1)：104-111.

[62] YE J Y, HUANG Y, LI Z J, et al. Rainfall estimation method based on multiple-doppler radar over the Huaihe River Basin[J]. Journal of Hydrologic Engineering, 2013, 18(11): 1471-1476.

[63] 黄勇，叶金印，陈光舟. 基于误差分析的雷达估测降水集成方法[J]. 大气与环境光学学报，2010，5(5)：342-349.

[64] PAN Y, SHEN Y, YU J, et al. Analysis of the combined gauge-satellite hourly precipitation over China based on the OI technique[J]. Acta Meteorologica Sinica, 2012, 26(3): 1381-1389.

[65] 徐晶，姚学祥. 流域面雨量估算技术综述[J]. 气象，2007，33(7)：15-21.

[66] 王皓，罗静，叶金印，等. CMORPH 融合降水产品与地面观测雨量资料估算淮河流域面雨量对比分析[J]. 河海大学学报（自然科学版），2014，42(3)：189-194.

[67] HAIDEN T, KANN A, WITTMANN C, et al. The Integrated Nowcasting through Comprehensive Analysis (INCA) system and its validation over the Eastern Alpine region[J]. Weather and Forecasting, 2011, 26(2): 166-183.

[68] KANN A, PISTOTNIK G, BICA B. INCA-CE: a Central European initiative in nowcasting severe weather and its applications[J]. Advances in Science and Research, 2012, 8(1): 67-75.

[69] HAIDEN T, KANN A, PISTOTNIK G, et al. Integrated Nowcasting through Comprehensive Analysis (INCA) system description[R]. Technical Report, 2010.

[70] CLARK R N, SWAYZE G A, LEIFER I, et al. A method for quantitative mapping of thick oil spills using imaging spectroscopy[R]. Technical Report, 2013.

# 第二章

# 基于数值预报模式的定量降水预报方法

## 2.1 概述

天气监测与预报的进步为提高径流预报提供了机遇。近年来，天气预报的准确率稳步提高，但如何把天气预报，特别是定量降水预报集成应用于洪水预报还面临挑战。数值天气预报（NWP）模式使用当前的天气条件作为大气模式输入来预报天气系统。大气模式是把大气视为流体，遵从动力学和热力学的规律。数值天气预报模式自 20 世纪 40 年代发展以来不断提高改进，这主要是由于电子计算机的发展和大气测量技术的进步，包括气象卫星、无线传感、天气雷达网等的进步和发展。同时，过去 50 年数值天气预报模式本身也在改进和发展。天气预报的困难在于大气是非线性的混沌系统，一个微小的初始条件和边界条件的改变，会产生巨大的结果上的改变。NWP 模式有其在描述大气物理和化学过程的缺陷。此外，大气模式参数存在不可避免的随机误差，很难使数值天气预报模式准确模拟大气特性。数值天气预报模式在南半球比在北半球表现较差（主要是因为南半球以前缺乏数据），但现在这种差别已经缩小。QPF 已被证明是数值天气预报中最具挑战性的困难之一，因为在时间和空间上影响降水过程的因素非常多。QPF 液态降水总量预报技能在很大程度上取决于地点、季节、强度和风雨类型。数值天气预报模式总体上对预报天气尺度的锋面降水系统比预报对流性降水系统有比较好的效果。欧洲模式对冬季天气系统比夏季天气系统预报效果好。降水强度和降水量的预报是预报预测方面的一个挑战。如降水预报性能较高的欧洲模式对 1997 年 6 月 27—28 日斯洛文尼亚流域的降水就低估了 60%，而且欧洲模式不能正确描述降水变率[1]。虽然数值预报模式分辨率在提高，但仍然面临提高区域性对流系统等小尺度天气系统预报和地形雨预报准确率的压力，尤其是超过 12～48 h 预见期之后的中小尺度系统预报更为困难，因而造成了比较高的失误率，对于极端降水预报能力也显得明显不足。对不同数值天气预报系统进行集成应用是提高降水预报性能的可能途径。

定量降水预报(QPF)和面雨量预报对于水文预报和防汛抗洪的重要性不言而喻[2]。国内许多专家学者在面雨量预报方面进行了有益有效的探索，通过对单一模式的预报效果的分析发现，预报准确率尚不能够完全满足防汛抗洪决策需求[3-6]。集成预报是近年发展起来的一种以提高预报准确率为目标的综合多种预报结论的方法[7-9]，这种集成方法能发挥多预报模式自身的优势，减少预报失误或偏差，相关研究也证明了其预报效果，但这种集成预报依赖于长时间序列的历史样本，只有获取足够的有关各种预报方法性能信息，才能有效地集成应用[10-11]。计算机和遥感技术的高速发展带来了资料同化系统的改进，从而使得数值天气预报模式直接输出产品水平不断提升。不同的数值天气预报模式有不同的性能特点，对不同区域、不同天气系统的模拟和预报误差也不尽相同，通过一定的方法消除这些误差，发挥不同数值天气预报模式优点，是提供定量降水预报水平的有效方式之一[12]。Clemen[13]通过对经济、管理、气象等不同领域的预报方法的研究发现：对不同的预报方法进行综合应用可以提高预报准确率，简单的预报集成方法往往比复杂的集成方法更加有效。客观化的集成预报方法主要解决不同天气预报模式预报偏差订正问题，或对预报模式集成应用使得预报偏差尽量缩小。对于数值模式定量降水预报而言，研发针对不同性能特点的数值预报模式集成方法可以有效改进定量降水预报水平，从而更好地改进水文预报效果。

目前，作为防汛抗洪重要参考依据的定量降水预报(QPF)主要依赖于数值天气预报[14-16]，而流域面雨量预报又依赖于 QPF[17-18]。数值天气预报模式研究开始于 50 年前，目前国际上比较先进的有欧洲模式[19]，美国国家环境预报中心的 ETA 模式[20]以及日本气象厅(JMA)全球模式(以下简称日本模式)[21]；区域数值天气预报模式有亚洲区域模式、日本区域模式以及美国 MM5 和 WRF 区域模式[22]。20 世纪 70 年代末，我国在引进和吸收国外模式的基础上，开始发展数值天气预报模式，如 LAFS、T42、T213、T639 等[23]。近年来，我国自行研发了全球和区域同化预报系统(GRAPES)模式，并已投入业务运行[24-26]。

信息扩散技术作为一种模糊数学处理方法，可以有效地从小样本中获取信息量[27-30]。近年来，信息扩散技术在预测预报及灾害风险分析等诸多领域得到广泛应用[31-36]。本研究基于信息扩散技术原理，提出了一种淮河流域面雨量预报集成方案[37]，并采用模糊评分（简称 *MP*）以及降水分级检验威胁性指标评分（Treat Score, *TS*）统计评价指标，对面雨量集成预报进行检验评估。

研究定量降水预报（QPF）对于开展流域面雨量预报研究、指导流域防汛决策及气象服务具有重要意义。本章对欧洲模式、日本模式、MM5 模式和 WRF 模式 4 种数值模式的降水预报数据（产品）进行检验和评估分析；基于信息扩散技术建立定量降水预报集成方法并进行应用研究。本章内容包括：数值模式的降水预报数据为网格（栅格）数据，采用网格算术平均法进行计算，输出淮河流域 15 个子单元面雨量预报数据。地面观测雨量资料为离散点数据，采用泰森多边形法计算淮河流域 15 个子单元面雨量实况数据。选取 2010—2014 年汛期数值预报模式产生的淮河流域面雨量短期预报，采用平均绝对误差（$E_a$）、模糊评分（*MP*）、正确率（*PC*）以及威胁性指标评分（*TS*）等统计评价指标，对其进行检验和评估分析。

## 2.2 数值模式定量降水预报性能评估

### 2.2.1 研究流域与资料处理

（1）研究流域

本章以淮河流域为研究区域，根据淮河流域暴雨洪水的汇流特点，将流域划分为 15 个子单元，详见图 1.7。

（2）资料处理

选择 2010—2014 年欧洲模式、日本模式、MM5 模式和 WRF 模式 4 个数值模式的降水预报产品进行检验评估。数值预报起始时间均为每日北京时 20 时，分为 24 h、48 h、72 h 三个预见期，即 0～24 h、24～48 h、48～72 h，每个预见期内的降水量均为 24 h 累积降水预报量。与数值预报起始时间相一致，采用的淮河流域雨量站资料的 24 h 累积降水量的时间段亦为北京时 20 时至次日 20 时。

本研究采用网格算术平均法计算数值预报流域面雨量；采用泰森多边形法计算雨量站资料的流域面雨量计算结果（实况值），并将其作为“真值”（参考值）。面雨量计算方法在第一章已做简要介绍，相关文献也有详细介绍说明，本研究不再赘述。

### 2.2.2 面雨量预报检验评估方法

根据面雨量等级标准，以 24 h 为统计时段长度的面雨量量级划分标准见表 2.1。

**表 2.1 24 h 面雨量量级划分标准**

| | 小雨 | 中雨 | 大雨 | 暴雨 |
|---|---|---|---|---|
| 24h 雨量(mm) | 0.1～5.9 | 6.0～14.9 | 15.0～29.9 | ≥30.0 |

面雨量预报采用平均绝对误差($E_a$)、模糊评分($MP$)、正确率($PC$)、威胁性指标评分($TS$)、漏警率($PO$)和空警率($FAR$)等统计评价指标[37]。

(1) 平均绝对误差($E_a$)

平均绝对误差的计算式为

$$E_a = \frac{1}{n}\sum_{i=1}^{n} \mid R_f - R_o \mid \tag{2.1}$$

式中：$n$ 为天数；$R_f$ 为面雨量预报值；$R_o$ 为面雨量实况值。$E_a$ 反映了面雨量预报值相对于面雨量实况值的绝对误差的平均状况。

(2) 模糊评分($MP$)

当实况有降水且预报有降水时，第 $i$ 个流域第 $j$ 级降水预报的模糊评分 $MP(j,i)$的计算式为

$$MP(j,i) = 60 + 40 \times \left[1 - \frac{\mid F_i - O_i \mid}{\max(j)}\right] \tag{2.2}$$

式中：第一项是基础分，预报有降水且实际发生了降水，得 60 分基础分；第二项为降水等级偏差得分，预报量级和实况量级相差越小，得分越高；$j$ 表示预报等级，如小雨、中雨、大雨、暴雨；$\mid F_i - O_i \mid$ 为等级误差，如预报为暴雨，实况为大雨时，等级误差为 1，预报为暴雨，实况为中雨时，等级误差为 2；$\max(j)$ 为最大等级误差，本研究设置了 4 个面雨量等级，最大预报等级误差为 3。

当预报有降水，实际没发生降水时，属于“空警”情况，模糊评分为 0。当预报无降水，实际发生了降水时，属于“漏警”情况，模糊评分亦为 0。这两者情况都是定性上发生的错误，因而都赋予 0 分。模糊评分方法对于预报无雨且实况未发生降水，不进行预报性能评价。

(3) 正确率($PC$)

该评价方法只对“有”“无”面雨量进行评价,以子单元个数为统计单元。其计算公式为

$$PC = \frac{FA + FD}{FA + FB + FC + FD} \times 100\% \tag{2.3}$$

式中:$FA$ 为“有降水”预报正确的子单元数,即预报“有降水”且实况“有降水”的子单元数;$FB$ 为“有降水”空警的子单元数,即预报“有降水”而实况“无降水”的子单元数;$FC$ 为“无降水”漏警的子单元数,即实况“有降水”而预报“无降水”的子单元数;$FD$ 为“无降水”预报正确的子单元数,即实况“无降水”且预报“无降水”的子单元数。此项评分只评价对降水是否发生的准确率,不评价预报与实况误差,以流域子单元为统计单元。

(4) 威胁性指标评分($TS_k$)、漏警率($PO_k$)和空警率($FAR_k$)

这三个评价指标专门评价预报等级偏差程度,以天数为统计单元。若某面雨量预报等级与面雨量实况等级相同,则记为该等级面雨量预报正确。若某面雨量预报等级大于面雨量实况等级,则记为该等级面雨量空警;若某面雨量预报等级小于面雨量实况等级,则记为该等级面雨量漏警。

$$TS_k = \frac{FA_k}{FA_k + FB_k + FC_k} \times 100\% \tag{2.4}$$

$$PO_k = \frac{FC_k}{FA_k + FC_k} \times 100\% \tag{2.5}$$

$$FAR_k = \frac{FB_k}{FA_k + FB_k} \times 100\% \tag{2.6}$$

式中:$k$ 为降水预报等级,如小雨、中雨、大雨、暴雨;$FA_k$、$FB_k$、$FC_k$ 分别为 $k$ 等级降水预报正确、空警、漏警的天数。$TS_k$ 越大,表示 $k$ 等级降水的预报正确多,空警和漏警较小,等级预报性能越高;$PO_k$ 越小,表示 $k$ 等级降水的漏警的情形少,即实际发生了降水而预报没有降水的情形少;$FAR_k$ 越小,表示 $k$ 等级降水的空警少,即实际没发生降水而预报有降水的情形少。

### 2.2.3 面雨量预报检验结果与分析

采用上述 6 个评价指标,对欧洲模式、日本模式、MM5 模式以及 WRF 模式 4 种数值预报模式 24~72 h 面雨量预报性能进行评估。

(1) 平均绝对误差($E_a$)检验

图 2.1 给出了面雨量预报的平均绝对误差($E_a$)，图中 ECMWF 代表欧洲模式，JMA 代表日本模式，下同。4 种模式下面雨量预报的 $E_a$ 均随预见期延长而增大，24 h 欧洲模式和日本模式相差不大，MM5 模式和 WRF 模式相差也不大，但欧洲模式和日本模式性能明显优于 MM5 模式和 WRF 模式；至 48 h 各模式 $E_a$ 差别变得明显，欧洲模式 $E_a$ 最小，MM5 模式最大，但欧洲模式和日本模式性能仍优于 MM5 模式和 WRF 模式；至 72 h 各模式 $E_a$ 进一步增大，各模式的差别显著程度比 24 h 增大；MM5 模式的 $E_a$ 随预见期延长而显著增大。从平均绝对误差分析看，欧洲模式、日本模式各预见期(尤其是在短预见期内)面雨量预报性能均高于 MM5 模式和 WRF 模式。

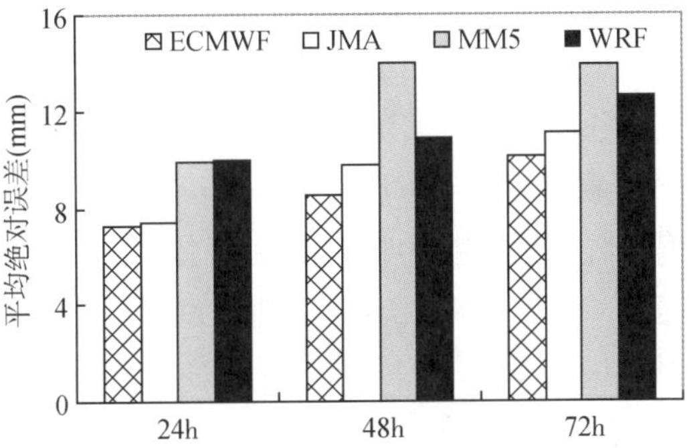


**图 2.1　平均绝对误差柱状图**

(2) 模糊评分($MP$)检验

图 2.2 给出了面雨量预报的模糊评分($MP$)。各模式 $MP$ 随预见期延长均呈现明显降低趋势。欧洲模式和日本模式各预见期的 $MP$ 总体上高于 MM5 模

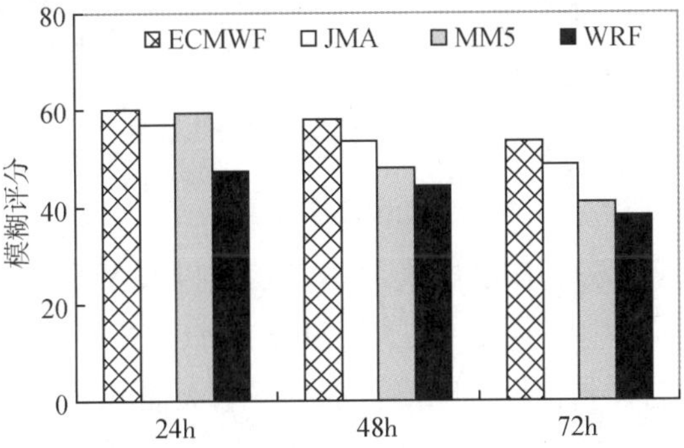


**图 2.2　模糊评分柱状图**

式和 WRF 模式，在 24 h 短预见期内差别不明显，至 48 h 预见期出现明显差别，而在 72 h 长预见期差别则更加明显。模糊评分实际上是评价面雨量预报等级和实况等级的吻合度，*MP* 越大，预报与实况的吻合度越高，$E_a$ 对 *MP* 的影响不大，但对空警和漏警情形的“处罚”很重。出现空警和漏警情形时 *MP* 为 0 分，降水定性预报正确能得 60 分基本分，各模式的 *MP* 差别是空警、漏警和等级偏差的综合反映，若 *MP* 高，空警、漏警的情形不可能多。分析 *MP* 减小趋势，欧洲模式和日本模式总体上小于 MM5 模式和 WRF 模式。

（3）正确率（*PC*）检验

正确率（*PC*）检验结果见图 2.3，各模式的 *PC* 均随预见期延长而下降。正确率不仅对“有降水”预报进行评估，还综合了“无降水”预报的情形，实况无降水，预报也无降水都计入评价样本，如一年中每天都作为样本，而不是把“有降水”实况日和“有降水”预报日作为样本。从正确率看，各模式的差别比平均绝对误差和模糊评分要小，各模式随预见期延长 *PC* 均有所下降，欧洲模式和日本模式的下降幅度比 MM5 模式以及 WRF 模式的小，不仅是下降速度总体上差别不大，在同一预见期 *PC* 差别也不是很明显，这说明各模式对有无降水均有较高的预报能力。

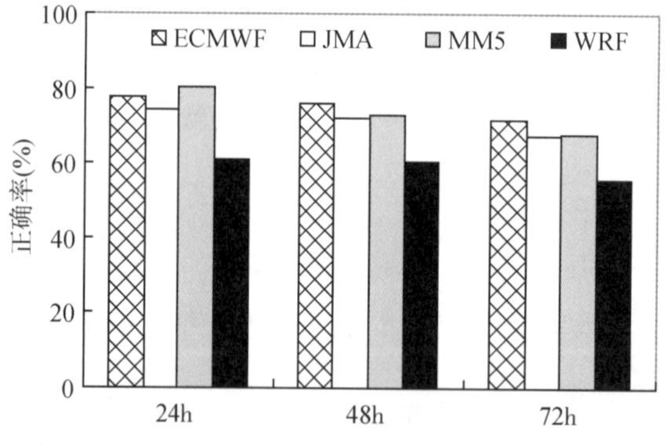


**图 2.3　正确率柱状图**

（4）威胁性指标评分、空警率和漏警率检验

图 2.4 给出欧洲模式、日本模式、MM5 模式以及 WRF 模式 4 种模式的威胁性指标评分（$TS_k$）、空警率（$FAR_k$）和漏警率（$PO_k$）。

4 种模式的威胁性指标评分随降水量等级增大而基本降低，空警率、漏警率均随降水量等级增大而增大。各模式对弱降水预报性能较高，对强降水预报性能则相对降低，欧洲模式相比其他模式表现出较好的性能。

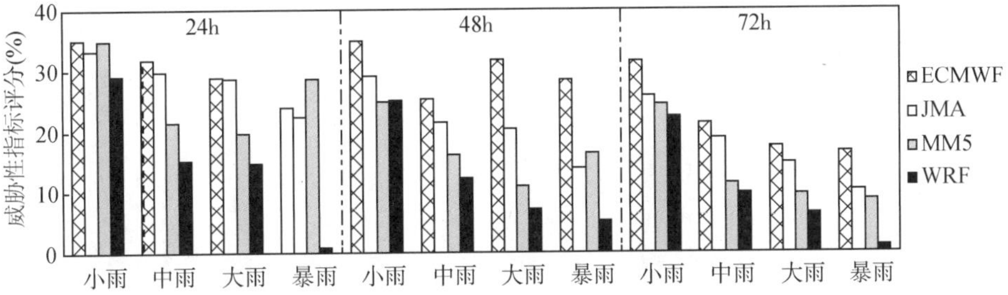


(a) 威胁性指标评分

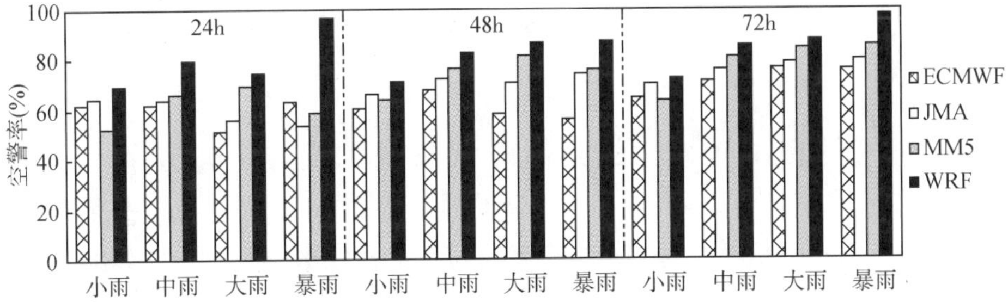


(b) 空警率

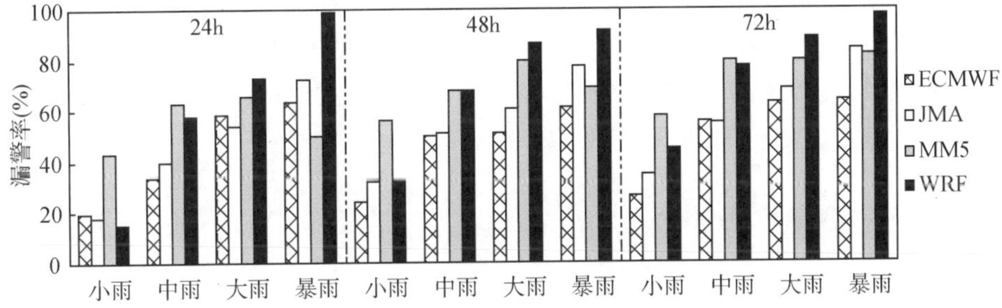


(c) 漏警率

**图 2.4　威胁性指标评分、空警率、漏警率柱状图**

(5) 检验结果综合评估

图 2.5 为欧洲模式、日本模式、MM5 模式以及 WRF 模式 4 种模式 24～72 h 预见期面雨量预报的各项检验结果平均值，各模式的 6 项评价指标相差并不显著。欧洲模式和日本模式的面雨量预报在各项性能指标方面，总体上优于 MM5 模式和 WRF 模式面雨量预报。

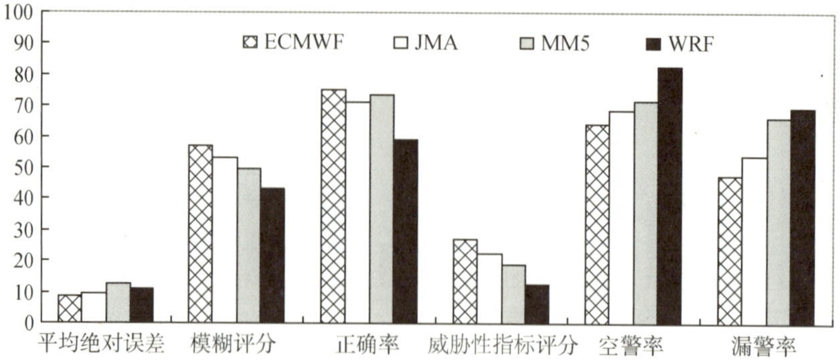


**图 2.5 不同预见期面雨量预报检验结果平均值**

## 2.3 基于信息扩散技术的定量降水预报集成方法与应用

信息扩散技术是一种对小样本进行集值化的模糊数学处理方法，相对于传统的方法，信息扩散技术能够从小样本中获取更充分的信息[27]。近年来，信息扩散技术在自然灾害风险分析、农业产量预测、冬小麦遥感估产、气象灾害风险分析等诸多领域得到广泛应用。利用多种数值天气预报模式的降水预报产品进行集成预报，其因子的属性和集成方法同上述工作完全类似。本研究基于信息扩散技术原理，提出了一种淮河流域面雨量预报集成方案。

### 2.3.1 基本原理与数学模型[27-28]

对于给定的样本，可以通过一定的统计方法建立样本要素之间的一个估计关系。不改变样本统计原始信息量，称这种建立关系的方式为非扩散估计。当且仅当该样本不完备(有限样本)时，根据有限样本建立的非扩散方式不能反映真实关系，但存在一个适当的将有限样本统计信息量在样本空间内扩散的算法，它更接近真实关系。

对于给定的有限样本，确定输入维和输出维要素，选取一个扩散函数来构造样本空间内输入维与输出维的信息矩阵，从而建立生成样本空间内输入维与输出维的模糊关系矩阵，依据建立起来的模糊关系矩阵就可以进行样本空间内从输入维到输出维模糊近似推理。也就是说，由给定的输入信息，以及建立起来的样本空间内从输入维到输出维模糊关系，就可以得到输出信息。以二维情形为例，数学模型如下[38]：

(1) 构造信息矩阵

设样本 $X$ 含有 $n$ 个样本点，每个样本点有两个分量(输入 $x$ 和输出 $y$)，记为 $X=\{(x_i,y_i)\mid i=1,2,\cdots,n\}$，其输入和输出论域分别是 $U$ 和 $V$。$U$ 和 $V$ 的离散论域为

$$U=\{u_j\mid j=1,2,\cdots,m\},\ V=\{v_k\mid k=1,2,\cdots,t\} \tag{2.7}$$

设 $\mu$ 是从卡氏积 $X\times U\times V$ 到区间 $[0,1]$ 的一个映射，即 $\mu: X\times U\times V\rightarrow[0,1]$，则

$$((x,y),u,v)\rightarrow\mu_{uv},(x,y)\in X,\ u\in U,\ v\in V \tag{2.8}$$

上式就是信息扩散函数。若 $\mu$ 为一单值映射关系，$Q_{uv}=\sum_{i=1}^{n}\mu_{uv}(x_i,y_i)$ 即 $X$ 在输入-输出空间 $U\times V$ 上的信息点 $(u,v)$ 信息量 $Q_{uv}$ 的增量，为 $Q_{u_jv_k}$，简记 $Q_{u_jv_k}$ 为 $Q_{jk}$。$Q_{jk}$ 就构成了 $X$ 在 $U\times V$ 上的信息矩阵 $\boldsymbol{Q}=\{Q_{jk}\}_{m\times t}$。常用扩散函数的选取是输入-输出关系是否靠近真实关系的关键。

(2) 生成模糊关系矩阵

当 $U\times V$ 是一个元素空间时，$V$ 为模糊概念，$U$ 为模糊概念的论域，模糊概念由信息矩阵 $\boldsymbol{Q}=\{Q_{jk}\}_{m\times t}$ 来限定。令

$$\begin{cases} S_k=\max\limits_{1\leqslant j\leqslant m}\{Q_{jk}\},\ k=1,\ 2,\ \cdots,\ t \\ \mu_k(u_j)=\dfrac{Q_{jk}}{S_k} \end{cases} \tag{2.9}$$

通过 $\boldsymbol{Q}=\{Q_{jk}\}_{m\times t}$，则 $V$ 的任一元素 $v_k$ 都可由论域 $U$ 的一个模糊集 $\mu_k$ 表示出来。令

$$\begin{cases} r_{jk}=\mu_k(u_j),\ j=1,\ 2,\ \cdots,\ m;\ k=1,\ 2,\ \cdots,\ t \\ \boldsymbol{R}=\{r_{jk}\}_{m\times t} \end{cases} \tag{2.10}$$

通过 $\boldsymbol{Q}$ 得到一个表达输入输出因果型模糊关系矩阵 $\boldsymbol{R}$。

(3) 模糊近似推理

因果型模糊关系矩阵 $\boldsymbol{R}$ 相当于一个近似函数关系 $y=f(x)$，而不是一个输入-输出的确切函数关系。

假定 $A$ 是一个模糊集，$F$ 是从输入到输出的一个模糊关系。由 $y=F(x)$ 和 $x=A$ 推断出 $y$，即模糊集 $B$。$B$ 的表达式为

$$B = A^{\circ}F \tag{2.11}$$

这里“°”为合成运算。当 $A$ 和 $F$ 都是有限离散点上的模糊子集时，这一运算简化为矩阵积运算。对于模糊集 $B$，可以采用适当的方式去模糊化，从而得到确定值。

### 2.3.2 集成应用方案

(1) 资料来源

选取 2010—2014 年间 6—8 月欧洲模式、日本模式的降水预报产品进行集成试验和评估。各模式均以北京时 20 时为起始预报时刻，预见期划分为 24 h、48 h、72 h。

利用淮河流域雨量站资料(以北京时 20 时为日界，下同)，采用模糊评分和威胁性指标评分方法对降水预报性能进行评估。

(2) 面雨量计算

数值模式面雨量预报计算方法以及面雨量实况计算方法与本章第二节相同，不再赘述。

(3) 面雨量集成预报方案

根据 2.3.1 节的原理与模型，本研究将欧洲模式、日本模式面雨量预报作为输入维，将面雨量实况作为输出维，建立学习样本和生成模糊关系矩阵，经过以下几个步骤生成基于两种模式的面雨量集成预报结果。

步骤 1：样本正规化处理

每个样本及其要素都有其自身的属性，要使得样本空间内要素具有可比性，就必须进行归一化处理，将其无量纲化。本研究采用最大-最小值规范化方法，对欧洲模式、日本模式面雨量预报及面雨量实况资料进行样本正规化处理，正规化到[0,1]，建立 2 维输入和 1 维输出的 $n$ 元学习样本 $M = \{m_1, m_2, \cdots, m_s, \cdots, m_n\}$，其中 $m_s = (x_s, y_s, z_s)$，$x_s$，$y_s$ 为输入维，$z_s$ 为输出维。

步骤 2：构造信息矩阵

选定 3 维监控空间 $C = (U, V, W)$(输入-输出空间)，其中 $U = V = W = \{0, 0.1, 0.2, \cdots, 1.0\}$，$\Delta_u = \Delta_v = \Delta_w = 0.1$，共 11 个监控点。通过欧洲模式、日本模式面雨量预报及面雨量实况资料的 3 维信息扩散函数 $\mu(m, c)$ 将包含预报和实况信息的样本点 $m_s$ 所携带的信息扩散到欧洲模式、日本模式面雨量预报及面雨量实况资料的 3 维监控空间 $C$ 中所有的点。本研究采用最简单的线性扩散函数即信息分配函数，如式(2.12)所示。

$$\mu(m_s, c)=\begin{cases}\left(1-\frac{|x_s-u_i|}{\Delta_u}\right)\left(1-\frac{|y_s-v_j|}{\Delta_u}\right)\left(1-\frac{|z_s-w_k|}{\Delta_w}\right),\\ |x_s-u_i|\leqslant\Delta_u,|y_s-v_j|\leqslant\Delta_v,|z_s-w_k|\leqslant\Delta_w\\ 0,\text{其他}\end{cases} \tag{2.12}$$

将所有样本点信息扩散到 $C$ 空间上各点，得到原始信息矩阵 $\boldsymbol{Q}_{(i,j,k)}$ 。

步骤 3：生成模糊关系矩阵

原始信息矩阵的每一列代表扩散后的信息累积量，为使监控空间的信息累积量具有可比性，还必须进行正规化处理。用每一列的最大数值遍除各行，得到欧洲模式、日本模式面雨量预报及面雨量实况资料模糊关系矩阵 $\boldsymbol{R}_{(i,j,k)}$，即监控空间 $C=(U,V,W)$ 上正规化的信息量分布。

步骤 4：预测输出（模糊近似推理）

将欧洲模式、日本模式面雨量预报正规化后构成的输入维 $(x_0,y_0)$，按照一维信息分配函数即式(2.13)，扩散至监控空间，得到模糊子集 $(X_0,Y_0)$ 。

$$\mu(x,u_j)=\begin{cases}\left(1-\frac{|x-u_j|}{\Delta}\right),\ |x-u_j|\leqslant\Delta\\ 0,\text{其他}\end{cases} \tag{2.13}$$

利用模糊推理原理 $G=(X,Y)^{\circ}R$。根据模式预报 $(x_0,y_0)$ 推算得到模糊结论 $G$。

$$G(g_k)=\min\left\{1,\sum_{i=1}^{11}\sum_{j=1}^{11}\mu_{xy}(x,y)r_{ijk}\right\} \tag{2.14}$$

$G=\left\{\frac{g_1}{w_1},\frac{g_2}{w_2},\cdots,\frac{g_{11}}{w_{11}}\right\}$，最后采用重心法将 $G$“去模糊化”得到确定值 $G^*$，并将 $G^*$ 作为集成预报结果。去模糊化计算公式如下：

$$G^*=\sum_{i=1}^{n}(g_i\times w_i)/\sum_{i=1}^{n}g_i \tag{2.15}$$

### 2.3.3　试验结果及分析

利用 2011—2013 年间 6—8 月欧洲模式和日本模式面雨量预报以及面雨量实况构成学习样本，欧洲模式和日本模式面雨量预报作为输入维，面雨量实况作为输出维，生成输入-输出模糊关系矩阵，建立面雨量预报集成方法。利用 2014 年

6—8 月欧洲模式和日本模式面雨量预报产品进行面雨量集成预报。采用模糊评分以及威胁性指标评分，对基于信息扩散技术的面雨量集成预报进行检验评估。

(1) 试验流域概况及子单元划分

以淮河流域为研究区域，将淮河流域划分为 15 个子单元(子流域)，详见图 1.7。

(2) 模糊关系矩阵及“去模糊化”

两种面雨量预报分组和面雨量实况分组构成了一个三维监控空间。对监控空间上的信息量经过正规化处理后，生成模糊关系矩阵，这是基于信息扩散技术的面雨量集成方法的核心。若预报和实况完全吻合，这种关系是纯粹的系统偏差，可以用线性函数来表述。事实上，预报和实况不可能完全吻合，不可能存在纯粹的系统偏差，因而不能用线性函数表示，而只能采用模糊关系矩阵表示。

欧洲模式和日本模式面雨量预报作为输入维、面雨量实况作为输出维的模糊关系矩阵的三维空间关系如图 2.6 所示。欧洲模式(ECMWF)及日本模式(JMA)作为水平坐标，面雨量实况(Observation)作为垂直坐标，按照降水量进行正规化处理成雨量分组，离散点就是样本点在监控空间上的信息量分布，采用不同颜色表示监控空间信息量大小。由欧洲模式预报分组剖面图[图 2.6(a)]以及日本模式预报分组剖面图[图 2.6(b)]可以看出，水平坐标 ECMWF 与 JMA 总体上在较小的垂直坐标 Observation 上有较大的信息量，但在 Observation 其他值上也有信息量分布。具体地说，每一个 ECMWF 与 JMA 对应在 Observation 上有具体信息量分布，较大(小)的水平坐标对应在较大(小)的垂直坐标上具有较大的信息分布，这就是一种输入-输出的模糊关系。利用这种输入-输出模糊关系，得到模糊的预报值，进而采用重心法“去模糊化”得到确定的正规化的预报值，最终由正规化方法“反演”具体预报值。

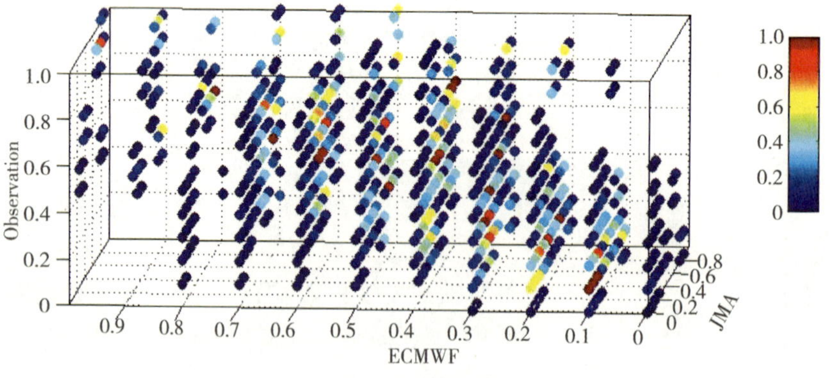


(a) 欧洲模式预报分组剖面

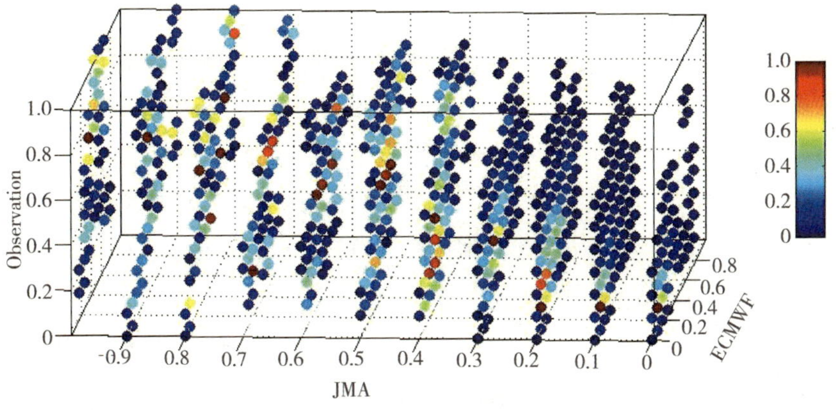


(b) 日本模式预报分组剖面

**图 2.6　模糊关系矩阵的三维空间展示**

(3) 模糊评分($MP$)检验

从单一模式和多模式集成面雨量预报(CFCST)的模糊评分结果(图 2.7)可以看出,对于 3 个预见期和 15 个子单元,多模式集成面雨量预报的 $MP$ 均明显高于欧洲模式和日本模式面雨量预报,多模式集成预报具有明显优势。在淮河上游第 1、2、3、4 子单元以及沂沭泗流域第 12、13、14、15 子单元上,多模式集成预报改进效果更为明显。数值模式预报对于山区降水预报的不确定性比较大,多模式集成预报体现了较好的优势。同时,24 h、48 h、72 h 预见期的多模式集成预报比单模式预报均有较大改进,在 72 h 预见期儿为明显。数值模式预报随着预见期延长,降水预报的不确定性不断增大,多模式集成预报在长预见期体现了较好的优势。

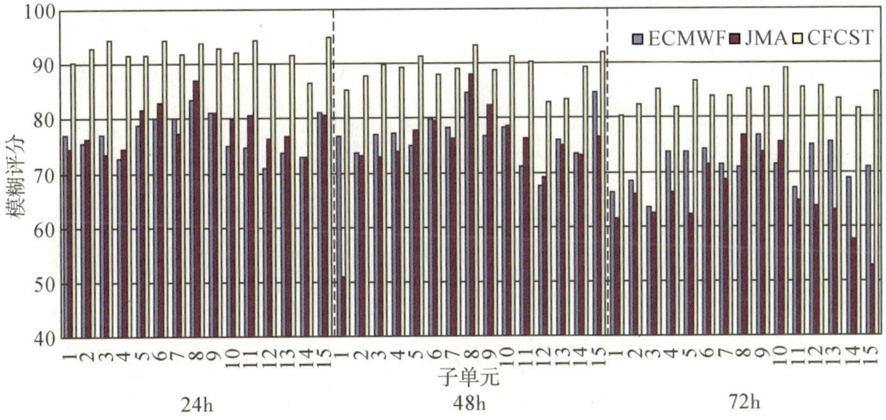


**图 2.7　面雨量预报模糊评分**

(4) 威胁性指标评分检验

从单一模式和多模式集成面雨量预报的威胁性指标评分($TS$)(图 2.8)可以看出:多模式集成面雨量预报在小雨和中雨预报量级上体现出了明显的优势,但在短预见期大雨以上预报量级上没有体现出优势,反而出现了负效果。但值得关注的是,多模式集成预报方法对于长预见期 72 h 小概率的强降水事件体现出了一定的优势,这一点与 $MP$ 评价指标相一致。

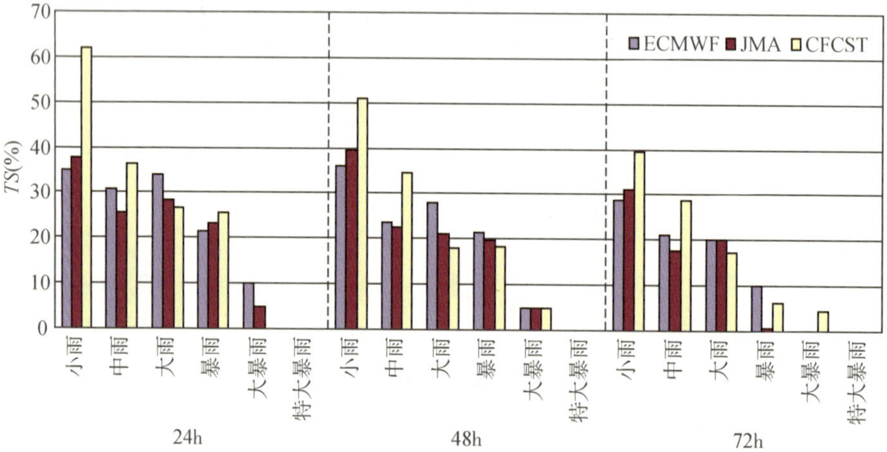


图 2.8　面雨量预报威胁性指标评分

## 2.4　小结

本章以淮河流域为研究区域,对主要数值预报模式的定量降水预报进行了性能评估,分析了欧洲模式、日本模式、MM5 模式以及 WRF 模式面雨量预报的性能特点。提出了基于信息扩散技术的淮河流域定量降水预报集成方法,集成预报的性能总体上优于单一数值预报性能。

(1) 欧洲模式、日本模式、MM5 模式、WRF 模式四种模式预报性能随降水等级(小雨、中雨、大雨、暴雨)增大以及预见期延长而下降。总体上来看,欧洲模式和日本模式的面雨量预报效果优于 MM5 模式和 WRF 模式。

(2) 虽然 4 种数值预报模式的面雨量预报性能有所差异,但 4 种模式的 6 项评价指标相差并不显著,总体上都具有比较好的预报性能。各模式降水预报的时空分辨率不同且不同量级降水预报性能具有不同的特点。值得关注的是,中尺度数值预报模式具有较高的时空分辨率，能比较细致地刻画出降水场的分布。尤其是在与分布式水文模型耦合应用方面，中尺度数值预报具有时空分辨率（时空尺度）方面的优势。

(3) 基于信息扩散技术提出了一种面雨量集成预报方案，并以淮河流域为研究区域进行面雨量集成预报试验。研究表明：多模式集成预报的模糊评分（*MP*）均较欧洲模式、日本模式面雨量单一预报有明显改进。在短预见期中雨及其以下量级面雨量集成预报威胁性指标分级检验评分有明显优势，在长预见期暴雨及其以上面雨量预报亦体现出一定优势。

## 参考文献

[1] KOBOLD M, SUŠELJ K. Precipitation forecasts and their uncertainty as input into hydrological models[J]. Hydrology and Earth System Sciences Discussions, 2005, 9(4): 322-332.

[2] 高琦，徐明，李武阶，等. 我国面雨量研究及业务应用进展[J]. 气象科技进展，2014，4(2)：66-69.

[3] 徐晶，林建，姚学祥，等. 七大江河流域面雨量计算方法及应用[J]. 气象，2001，27(11)：13-16+51.

[4] 毕宝贵，徐晶，林建. 面雨量计算方法及其在海河流域的应用[J]. 气象，2003，29(8)：39-42.

[5] 付晓辉，肖稳安，龙利民，等. 数值预报产品在长江干流段面雨量概率预报中的释用[J]. 长江流域资源与环境，2006，15(4)：537-540.

[6] 周国兵. 三峡库区流域面雨量预报模糊检验[J]. 气象科技，2005，33(2)：120-123.

[7] 严明良，缪启龙，沈树勤. 基于超级集合思想的数值预报产品变权集成方法探讨[J]. 气象，2009，35(6)：19-25+129-130.

[8] VISLOCKY R L, FRITSCH J M. Improved model output statistics forecasts through model consensus[J]. Bulletin of the American Meteorological Society, 1995, 76(7): 1157-1164.

[9] JENNINGS R. Unsystematic security price movements, management earnings forecasts, and revisions in consensus analyst earnings forecasts[J]. Journal of Accounting Research, 1987, 25(1): 90-110.

[10] 冯汉中，肖红茹，徐琳娜，等. 基于数值预报模式降水产品的集成应用方法试验[J]. 高原山地气象研究，2009，29(3)：39-43.
[11] 尤凤春，魏东，王雨. 北京奥运期间多模式降水检验及集成试验[J]. 气象，2009，35(11)：3-8.
[12] KELLY K S，KRZYSZTOFOWICZ R. Precipitation uncertainty processor for probabilistic river stage forecasting[J]. Water Resources Research，2000，36(9)：2643-2653.
[13] CLEMEN R T. Combining forecasts：A review and annotated bibliography[J]. International Journal of Forecasting，1989，5(4)：559-583.
[14] 井立阳，张行南，王俊，等. GIS在三峡流域水文模拟中的应用[J]. 水利学报，2004，35(4)：15-20.
[15] 谷黄河，余钟波，杨传国，等. 卫星雷达测雨在长江流域的精度分析[J]. 水电能源科学，2010，28(8)：3-6.
[16] 赵晶晶，袁飞，江善虎，等. TMPA卫星降水数据质量评估及水文过程模拟[J]. 水电能源科学，2012，30(12)：10-12+213.
[17] 朱红芳，王东勇，朱鹏飞，等. GRAPES模式在淮河流域面雨量预报中的应用[J]. 气象，2007，33(3)：76-82.
[18] 刘静，叶金印，王皓. 淮河流域面雨量多模式预报效果比较及典型过程检验分析[J]. 治淮，2013(10)：4-6.
[19] SIMMONS A，UPPALA S，DEE D，et al. ERA-Interim：New ECMWF reanalysis products from 1989 onwards[J]. ECMWF Newsletter，2007，110(110)：25-35.
[20] National Cholesterol Education Program. Third report of the National Cholesterol Education Program（NCEP）expert panel on detection，evaluation，and treatment of High Blood Cholesterol in adults（Adult Treatment Panel Ⅲ）final report[J]. Circulation，2002，106(25)：3143-3421.
[21] SAITO K，FUJITA T，YAMADA Y. The Operational JMA nonhydrostatic mesoscale model[J]. Monthly Weather Review，2006，134(4)：1266-1298.
[22] 陈德辉，薛纪善. 数值天气预报业务模式现状与展望[J]. 气象学报，2004，62(5)：623-633.
[23] 李泽椿，陈德辉，王建捷，等. 我国业务数值天气预报的历史、现状与未

来——用科学发展观指导我国业务数值预报的研究发展[R]. 中国气象学会 2004 年年会，2004.

[24] 宇如聪. 一个 $\eta$ 坐标有限区域数值预报模式对 1993 年中国汛期降水的实时预报试验[J]. 大气科学，1994，18(3)：284-292.

[25] 周晓平，王东海. 短时风暴数值预报模式研究Ⅰ. 模式的理论框架[J]. 大气科学，1996，20(1)：1-11.

[26] 王东海，周晓平. 短时风暴数值预报模式研究Ⅱ. 模式的基础试验结果[J]. 大气科学，1996，20(3)：279-289.

[27] 黄崇福，王家鼎. 模糊信息分析与应用[M]. 北京：北京师范大学出版社，1992.

[28] 黄崇福，张俊香，刘静. 模糊信息优化处理技术应用简介[J]. 信息与控制，2004，33(1)：61-66.

[29] 黄崇福. 自然灾害风险分析的基本原理[J]. 自然灾害学报，1999，8(2)：21-30.

[30] 黄崇福，史培军. 城市地震灾害风险评价的数学模型[J]. 自然灾害学报，1995，4(2)：30-37.

[31] 黄崇福. 自然灾害风险分析的信息矩阵方法[J]. 自然灾害学报，2006，15(1)：1-10.

[32] 段春青，陈晓楠，郭芳. 基于信息扩散近似推理的农业干旱预测模型[J]. 华北水利水电学院学报，2011，32(5)：39-42.

[33] 朱再春，陈联裙，张锦水，等. 基于信息扩散和关键期遥感数据的冬小麦估产模型[J]. 农业工程学报，2011，27(2)：187-193+398.

[34] 张丽娟，李文亮，张冬有. 基于信息扩散理论的气象灾害风险评估方法[J]. 地理科学，2009，29(2)：250-254.

[35] 刘引鸽，缪启龙，高庆九. 基于信息扩散理论的气象灾害风险评价方法[J]. 气象科学，2005，25(1)：84-89.

[36] 叶光营，鲍思钻，俞成标. 基于信息扩散理论的闽清大暴雨雨量风险预测[J]. 环境科学与技术，2011，34(8)：201-204.

[37] 刘静，叶金印，张晓红，等. 淮河流域汛期面雨量多模式预报检验评估[J]. 暴雨灾害，2014，33(1)：58-64.

[38] 叶金印，刘静，罗静，等. 信息矩阵方法在面雨量预报集成中的应用[J]. 自然灾害学报，2014，23(4)：127-133.

# 第三章

# 基于 QPE/QPF 的淮河上游洪水预警方法及应用

## 3.1 概述

将雷达测雨数据应用于水文模拟和预报，国内外已有一些研究成果[1-6]。由于降水具有很大的空间变异性，雷达测雨误差经过径流模拟后会被放大或缩小[7-9]。虽然这种误差的传递效应也会与模型自身特点有关，但降水测量误差是其重要因素[10-11]。雷达测雨及其在水文模型中的应用受到越来越多的关注[12-15]，研究水文模拟对降水测量误差的响应，对于雷达测雨的更有效应用非常重要。在当前我国的洪水预报实践中，对落地雨的应用开展了许多研究，并将其成功地应用于水文预报，改进了水文预报模拟效果[4, 16-19]。

降水信息是影响洪水预报水平的主要因素，目前广泛使用的降水资料主要依靠水文站/雨量站观测和雷达测雨。在洪水预报中采用数值天气预报（NWP）产品，已经成为延长洪水预报预见期的主要手段，数值天气预报使得洪水早期预警成为可能，并已经成为提供水文预报和模拟效果的一个现实途径[8]。考虑上游来水、流域内已产生的降水（落地雨）、洪水预见期内即将产生的降水三个方面的作用才能做出有效的水文预报[9]。美国国家天气局（National Weather Service，NWS）在 20 世纪 80 年代就将地面观测降水、卫星估算降水、雷达测雨以及降水预报与洪水预报方法（模型）进行耦合，并建成了国家河流预报系统。以早期水文气象不确定性研究成果为基础，美国自 1991 年就开始了概率定量降水预报（Probabilistic Quantitative Precipitation Forecast，PQPF）和概率水位预报（Probabilistic River Stage Forecast，PRSF）应用试点研究[20-21]，于 1996 年开始了水文气象概率预报业务并逐步向基层推广应用。这一方法克服了以往确定性预报的缺陷,是确定性预报的补充或替代产品,使预报服务效果有了很大的提高。欧洲洪水预报系统(European Flood Forecasting System, EFFS)核心部也采用了一体化的气象水文耦合模型[22]。

随着大气科学的发展,定量降水监测以及预报水平不断改进和提高。随着水文学和地理信息系统的发展以及人们对产汇流机理认识的不断深入,水文模型也得到不断发展和改进。近年来,采用气象水文耦合方法延长洪水预见期以及提高预报精度已引起水文气象学者的关注,这种气象水文耦合技术可以发挥数值天气预报模式和分布式水文模型的优势,使洪水预报模拟的效果得以改进。

本章采用基于数字高程模型(DEM)的分布式栅格型新安江(Grid-Xin'anjiang)模型[23],选取淮河上游息县以上流域为研究区域,进行气象水文耦合的洪水预警方法应用研究。

## 3.2 息县以上流域栅格型新安江模型

### 3.2.1 息县流域概况

位于河南省南部淮河上游的息县流域形状呈扇形(图 3.1),扣除南湾、石山口等大型水库后的流域面积为 8 826 km$^2$。息县水文站是淮河上游干流重要的

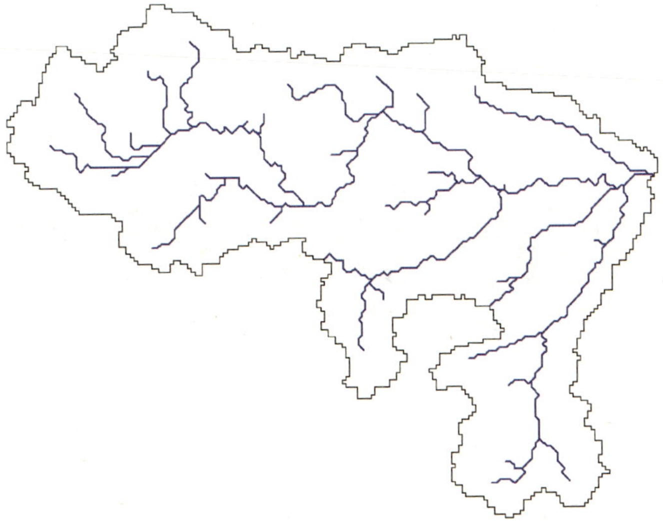

图 3.1 息县流域(扣除水库)水系

控制站，该流域呈现西高东低的特征，地形高程范围为 15～839 m，平均高程为 142 m。

### 3.2.2 模型结构

Grid-Xin'anjiang 模型[24]采用三层蒸散发模型进行栅格单元的蒸散发计算，采用蓄满产流机制进行栅格单元产流计算并利用自由水蓄水库结构进行地表径流、壤中流和地下径流三水源划分，采用逐栅格 Muskingum 法依次将各种水源演算至流域出口。

(1) 蒸散发

为了考虑栅格单元土湿垂向分布的作用，将每个单元内的土壤分为三层，即上层、下层和深层，每一层对应的张力水蓄水容量分别为 $W_{UM}$、$W_{LM}$ 和 $W_{DM}$。栅格单元植被冠层截留量按蒸散发能力计算，当截留水量小于蒸散发能力时，采用三层蒸散发模型。

(2) 栅格单元产流及分水源

模型采用蓄满产流机制进行栅格单元产流计算，即在降水过程中，土壤包气带蓄水量达到田间持水量时才能产流。在每个栅格单元内，模型假定张力水含水量空间分布均匀，则

当 $P_e \leqslant 0$ 或 $P_e + W_0 \leqslant W_M$ 时，

$$R = 0 \tag{3.1}$$

当 $P_e + W_0 > W_M$ 时，

$$R = P_e + W_0 - W_M \tag{3.2}$$

式中：$P_e$ 为用于产流计算的时段雨量(mm)；$W_M$ 为张力水蓄水容量(mm)；$R$ 为时段产流量(mm)；$W_0$ 为实际的张力水含水量(mm)。

在 Grid-Xin'anjiang 模型中，任意栅格单元内的产流量 $R$ 均被划分为三种水源，包括地表径流 $R_s$、壤中流 $R_i$ 以及地下径流 $R_g$（图 3.2）。与产流计算一样，在进行水源划分时，不再考虑自由水蓄水容量在每个栅格单元内的空间分布不均问题。分水源计算所用公式为

$$R_i = K_i S \tag{3.3}$$

$$R_g = K_g S \tag{3.4}$$

当 $R + S \leqslant S_M$ 时，

$$R_s = 0 \tag{3.5}$$

当 $R+S>S_M$ 时，

$$R_s=R+S-S_M \tag{3.6}$$

式中：$S_M$ 为表层土自由水容量(mm)；$K_i$ 为表层自由水含量对壤中流的出流系数；$K_g$ 为表层自由水含量对地下水的出流系数；$S$ 为栅格单元实际的自由水含量(mm)。

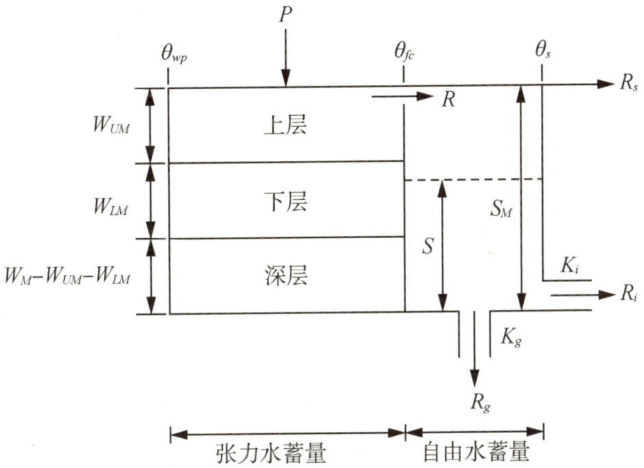


**图 3.2　产流与分水源示意图**

(3) 汇流演算

根据栅格单元间汇流演算次序，采用基于栅格的 Muskingum 汇流方法依次将地表径流、壤中流、地下径流以及河道水流分别演算至流域出口。

## 3.3　定量降水估算(QPE)误差对息县流域洪水模拟的影响

采用相对误差分析方法对 $Z-I$ 关系以及平均校正、最优插值、联合校正和卡尔曼滤波校正等方法校正后的 5 种雷达测雨数据进行误差分析。再分别利用 5 种雷达测雨数据驱动 Grid-Xin'anjiang 模型，研究雷达测雨误差对径流过程模拟的影响[25]。

### 3.3.1　数据与方法

(1) 雷达测雨数据来源

以淮河流域 2007 年 7 月 1—10 日降水集中期 5 种雷达测雨数据产品为数

据源，形成多源降水信息融合产品。数据的空间分辨率为1 km×1 km，时间间隔为1 h。以流域内雨量站(共20个)逐时雨量观测数据作为“真值”，分析评估雷达测雨误差。

(2) 雷达测雨数据误差分析方法

采用相对误差( $NB$ )评估雷达测雨误差。

$$NB = \frac{\sum_{i=1}^{N}(R_i - G_i)}{\sum_{i=1}^{N} G_i} \times 100\% \tag{3.7}$$

式中：$N$ 为雷达测雨观测次数；$G_i$ 为地面雨量站降水量(mm/h)；$R_i$ 为与地面雨量站相对应的雷达测雨量(mm/h) 。

(3) 径流模拟误差分析方法

采用相对误差分析方法，分别对过程流量和洪峰流量进行误差分析，以评价雷达测雨对于径流模型的效果。

相对于实测过程流量的径流模拟误差分析采用公式(3.8)，该式直接采用实测流量过程作为“参考值”评价与采用雷达测雨驱动水文模型的过程流量相对误差。

$$NBs = \frac{\sum_{i=1}^{N}[Q_{\text{sim}}(i) - Q_{\text{obs}}(i)]}{\sum_{i=1}^{N} Q_{\text{obs}}(i)} \times 100\% \tag{3.8}$$

式中：$NBs$ 为相对于实测流量的过程流量误差；$Q_{\text{sim}}(i)$、$Q_{\text{obs}}(i)$ 分别为第 $i$ 个时刻的采用雷达测雨驱动水文模型的模拟流量、实测流量。$NBs$ 实际上包含了因雷达测雨误差引起的径流模拟误差以及因水文模型误差引起的径流模拟误差。

为做进一步过程流量误差分析，设计了去除模型误差的相对误差分析，如下式所示。

$$NBs' = \frac{\sum_{i=1}^{N}[Q_{\text{sim}}(i) - Q(i)]}{\sum_{i=1}^{N} Q(i)} \times 100\% \tag{3.9}$$

式中：$NBs'$ 为去除模型误差的过程流量误差；$Q_{\text{sim}}(i)$、$Q(i)$ 分别为第 $i$ 个时刻基于雷达测雨数据的模拟流量、采用地面雨量站观测数据的模拟流量。

相对于实测洪峰流量的模拟误差分析采用公式(3.10)，该式直接采用实测洪峰流量作为“参考值”评价与采用雷达测雨驱动水文模型的洪峰流量相对误差。

$$Z=\left|\frac{Q_{sim}(peak)-Q_{obs}(peak)}{Q_{obs}(peak)}\right|\times 100\% \tag{3.10}$$

式中：$Z$ 为相对于实测洪峰流量的洪峰流量误差；$Q_{obs}(peak)$ 为实测洪峰流量值；$Q_{sim}(peak)$ 为采用雷达测雨驱动水文模型的模拟洪峰流量值。$Z$ 实际上包含了因雷达测雨误差引起的洪峰流量模拟误差以及因水文模型误差引起的洪峰流量模拟误差。

为做进一步洪峰流量误差分析，设计了去除模型误差的相对误差分析，如下式所示。

$$Z'=\left|\frac{Q_{sim}(peak)-Q(peak)}{Q(peak)}\right|\times 100\% \tag{3.11}$$

式中：$Z'$ 为去除模型误差的洪峰流量误差；$Q_{sim}(peak)$ 为采用雷达测雨驱动水文模型的模拟洪峰流量值；$Q(peak)$ 为采用地面雨量站数据驱动水文模型的模拟洪峰流量值。

### 3.3.2 雷达测雨误差分析

以 1 h 为累积降水量统计时段，对比分析 5 种雷达测雨 1 h 累积降水量与雨量站 1 h 实测降水量(图 3.3)。从图中可以看出，在雨强为 2～10 mm/h 时，雷达测雨普遍低估，卡尔曼滤波校正方法低估现象最为严重，平均校正方法与雨量站实测降水量最接近。弱降水(0～2 mm/h)和强降水(大于 10 mm/h)时的 5 种雷达测雨无一致性，高估、低估现象都存在。有研究表明：垂直空间上的降水强度服从一定的变化规律，6 km 高度以下越接近地面，降水强度越大[26]。雷达测雨一般使用的是雷达正仰角锥面体积扫描数据，因而所探测的回波信息和地面有一定的距离，并且越离开雷达站，探测的垂直高度越高，显然雷达测雨与地面观测降水有所区别，这也就是雷达测雨低估的主要原因。

表 3.1 为雷达测雨相对误差 $NB$ 值统计结果。除 $Z$-$I$ 关系外，其他 4 种雷达测雨数据 1 h 降水量与地面观测 1 h 降水量均接近，联合校正方法相对于其他雷达测雨校正方法性能最佳，而卡尔曼滤波校正方法相对于其他雷达测雨校正方法性能最差。在各项统计指标之中，联合校正方法相对于其他估测和校正方法，总体体现出明显优势，这表明校正方法有利于提高雷达测雨性能。

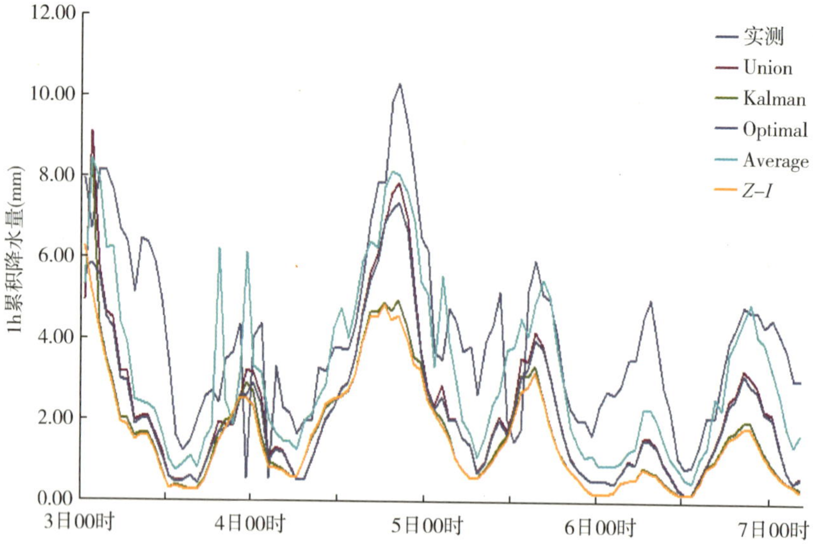


**图 3.3　1 h 累积降水量折线图**

**表 3.1　标准偏估统计表**

| 统计参数 \ 数据名称 | | *Z-I* | Optimal | Average | Kalman | Union |
|---|---|---|---|---|---|---|
| *NB* | MEAN | −45.9% | −35% | −38.1% | −32.5% | −31.9% |
| | STDEV | −10.9% | −8.9% | −10.2% | −7.9% | −7.2% |
| | MIN | −80.1% | −70.8% | −72.6% | −71.3% | −68.6% |
| | MAX | −23.2% | −27.3% | −22% | −21.4% | −20.4% |

注：MEAN 为 *NB* 值的平均值；STDEV 为 *NB* 值的标准偏差；MIN 为 *NB* 值的最小值；MAX 为 *NB* 值的最大值。

### 3.3.3　径流模拟误差分析

图 3.4 为采用雷达测雨数据驱动水文模型的模拟径流与实测径流(Ob)对比结果。为便于表达，图中各种雷达测雨数据对应的径流模拟结果以雷达测雨校正方法指代，如“联合校正方法雷达测雨结果对应的径流模拟结果”用“Union”指代。联合校正方法模拟结果与实测径流之间的偏差最小，*Z*－*I* 关系径流模拟结果与实测径流之间的偏差最大。总体上，各种雷达测雨对洪水过程(洪峰)均有一定的模拟能力，仅仅对于 2007 年 7 月 2 日 20:00 的小洪峰，各种

雷达测雨没有体现出模拟能力。

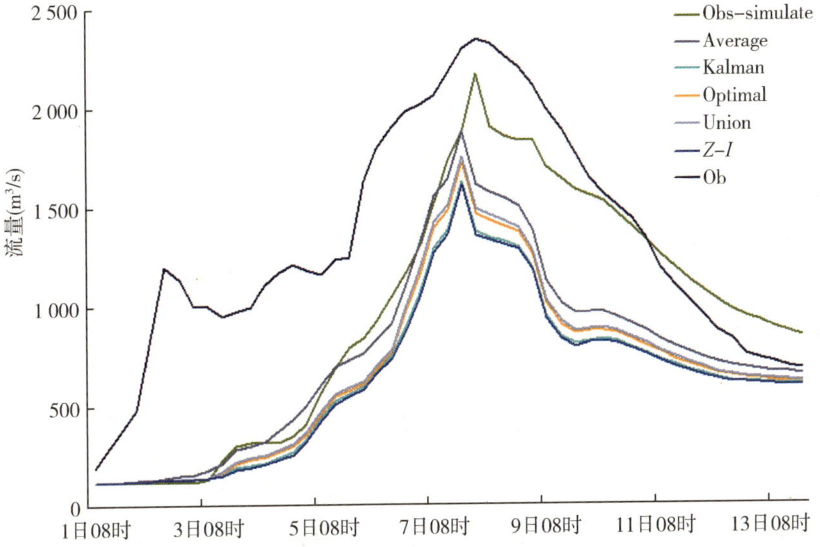


**图 3.4　基于雨量站测雨和雷达测雨数据的径流过程**

对 5 种雷达测雨数据驱动水文模型的径流模拟量进行统计。为便于表达，各种雷达测雨数据对应的径流模拟结果统计量以雷达测雨校正方法指代，地面雨量观测资料对应的径流模拟用 Obs-simulation 指代。从径流模拟结果统计折线图(图 3.5)可以看出，雷达测雨模拟径流 *NBs* 值为负，这种低估与雷达数据性能存在正相关。与 Obs-simulation 相比，各种雷达测雨的 *NBs*、*Z* 值被低估，分

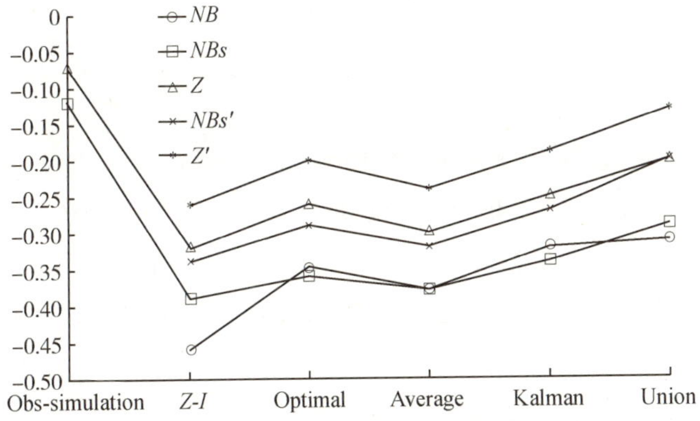


**图 3.5　径流模拟结果统计**

别低估 12.6% 和 7.5%。将图 3.5 中各雷达估测降水数据的 *NB* 值与 *NBs*、*Z* 值进行对比发现，*Z* 值普遍小于 *NB* 值，说明水文模型误差存在传递一致性减小效应。最优插值、平均校正、卡尔曼滤波校正方法的 *NBs* 值比较稳定，变化幅度不大；而联合校正方法和 *Z*-*I* 关系的 *NBs* 显得不稳定，增大幅度相对较大，*Z*-*I* 关系的 *NB* 值最大，为 −45.9%，同时 *NBs* 有较大的增幅。

为分析雷达测雨误差的水文模拟传递效应，就必须消除水文模型自身的模拟偏差，因而采用了 *NBs*′，*Z*′ 统计值。对比 *NB* 值与 *NBs*′ 和 *Z*′ 值可以看出，*NB* 值经水文模型传递后一致性减小。其中，联合校正法对应的 *NBs*′、*Z*′ 值小于其他雷达测雨方法，分别为−20.2%、−13.3%。

## 3.4 定量降水预报(QPF)在息县流域洪水预报中的应用

由于中尺度数值模式 WRF 降水预报具有较高时空分辨率(逐小时输出，5 km格距)，并且具有一定的预报性能，对强弱降水过程的预报性能也比较稳定，本研究采用 WRF 模式降水预报数据驱动 Grid-Xin'anjiang 模型进行耦合洪水预报试验，重点研究采用降水预报对于洪水过程模拟预报在精度提高和预见期延长方面的效果。

对于 Grid-Xin'anjiang 模型而言，采用 1 km(30″)的单元尺度进行模型应用，不仅能够提高模型的运行预见期，还能取得较好的应用效果[24]。因此，本研究采用降水场空间校正方法对 WRF 模式降水预报进行降尺度处理，统一处理为 1 km 分辨率的数值预报产品，使得降水预报资料与 Grid-Xin'anjiang 模型在空间尺度上匹配。

### 3.4.1 降水预报场空间校正

WRF 模式集合预报雨量数据为分布式的栅格数据(格点场)，栅格大小为 5 km×5 km。国外研究表明，水文模型的空间分辨率与降水的时间和空间尺度相匹配才能发挥水文气象耦合应用的最佳效果。本研究先对 WRF 模式集合预报雨量数据采用空间校正方法进行降尺度处理，并比较分析空间校正方法和双线性插值方法的插值效果。

(1) 数值预报场空间校正方法

本研究采用一种较为常用的雨量降尺度方法[27]，该方法是基于整个流域上的降水总量平衡，逐栅格(或者流域子单元，对于概念性水文模型而言)进行气象

栅格雨量的空间校正。其计算公式为

$$\overline{P}_i^e = \frac{P_i^e c_i^e}{\overline{C}} \tag{3.12}$$

式中：$c_i^e = \dfrac{\overline{P}^e \overline{P}_i^o}{\overline{P}^o \overline{P}_i^e}$，$c$ 为校正系数，根据预测雨量时间之前连续观测雨量与预报雨量来计算，一般为 30 天；$P_i$ 为第 $i$ 个栅格或者流域子单元的预报面平均雨量；$P^o$ 为地面雨量计观测雨量；$P^e$ 为预报雨量；$\overline{C}$ 为流域平均值；$\overline{P}_i$ 为第 $i$ 个观测雨量站控制面积内的平均雨量；$\overline{P}$ 为流域面平均雨量。

（2）降水预报场空间校正统计分析方法

两个大气变量变化的相似性是两个变量相关性的另外一种表现，若这两个变量数据在变化过程中十分相似，它们必然有着密切的相关关系。度量两个变量相似性的统计量有以下几种。

① 相似系数

把两个变量数据看成 $n$ 维空间的两个向量，则可以把两个向量的夹角的余弦定义为相似系数，其表达式为

$$\theta_{xy} = \arccos(S_{xy}) \tag{3.13}$$

其中，

$$S_{xy} = \frac{\sum_{i=1}^{n}(X_i Y_i)}{\sqrt{\sum_{i=1}^{n} X_i^2}\sqrt{\sum_{i=1}^{n} Y_i^2}}$$

显然，两个向量夹角越小，表明两个变量越相似。

② 相似离度

由上面各种距离系数的表达式可见，它们反映的只是两个变量样本的空间距离，反映不出序列变化形状的差异，而形状差异性也是两个变量相似的判别内容之一。两个变量的相似，可以通过比较两个变量的时间变化曲线，确定曲线演变相似程度，可以使用相似离度来表示，它的定义为

$$C_{xy} = \frac{G_{xy} + H_{xy}}{2} \tag{3.14}$$

其中，

$$H_{xy}=\frac{1}{n}\sum_{i=1}^{n}|X_i-Y_i|$$

$H_{xy}$表示两条曲线纵坐标方向上的平均距离。形状相似系数的定义为

$$G_{xy}=\frac{1}{n}\sum_{i=1}^{n}[|X_i-Y_i|-(\bar{X}-\bar{Y})]$$

$G_{xy}$反映了两个变量的绝对值差值与平均值差值的比较。这样，把两条曲线变化形状差值的变化平均，作为判别两个变量变化形状相似指标。

对两个变量随时间演变曲线进行比较，使用两条曲线距离远近作为相似程度的度量。一般在大气变量之间的相似关系分析中，使用的距离系数有以下几种。

① 海明距离

对于两个场$X$和$Y$，场中的格点数为$m$，度量它们之间的相似性也可以使用海明距离。它的计算式为

$$H_{xy}=\sum_{k=1}^{m}|X_k-Y_k| \tag{3.15}$$

海明距离反映了两个场之间的总距离，刻画了两个场所有格点间距离的总和。

② 欧氏距离

度量两个场之间的差异性，可以使用欧氏距离。它的计算式为

$$E=\sqrt{\sum_{k=1}^{m}(X_k-Y_k)^2} \tag{3.16}$$

从欧氏距离的计算公式可以看出：如果把两个样本$x_i$和$x_j$看成$m$维空间的两个点，则欧氏距离就是这两个点之间的距离。与海明距离相比，欧氏距离能反映场在局部的较大差异，加大了局部较大差异的权重。

### 3.4.2 降水预报场空间校正效果评估

以2007年汛期(5—9月)WRF模式降水预报场为例，根据CMORPH融合降水产品采用空间校正方法和双线性插值方法对降水预报降尺度处理效果进行对比分析。对降水场插值为1 km格点场(栅格)采用海明距离、欧氏距离、相似离度和相似系数等统计分析方法(指标)进行检验评估。图3.6～图3.10分别是空间校正方法和双线性插值方法应用效果的降水量空间分布图。

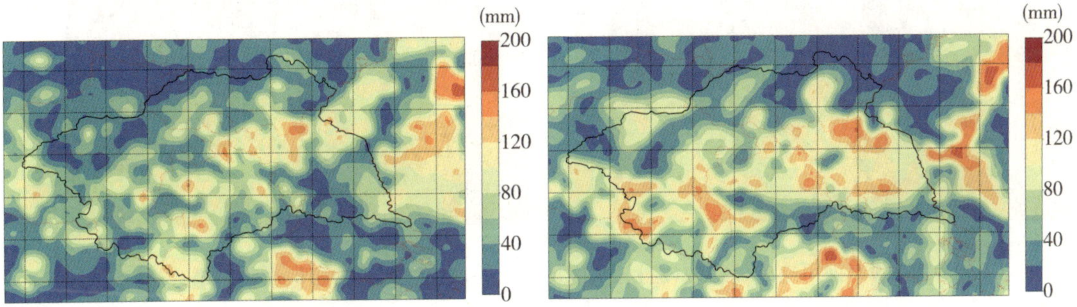


图 3.6　采用空间校正法(左)与双线性插值法(右)降水量的海明距离空间分布

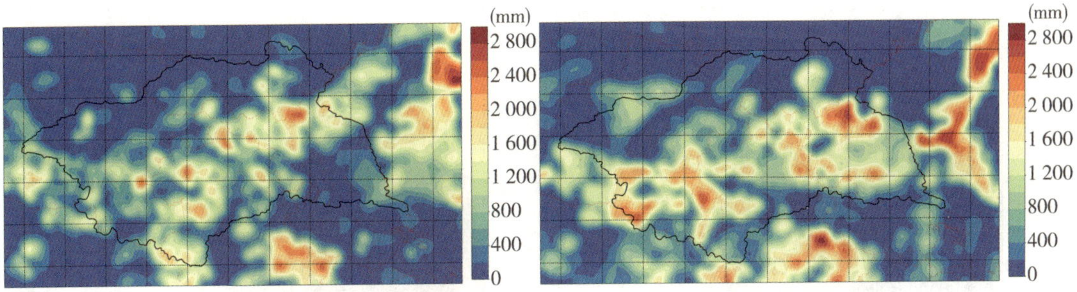


图 3.7　采用空间校正法(左)与双线性插值法(右)降水量的欧氏距离空间分布

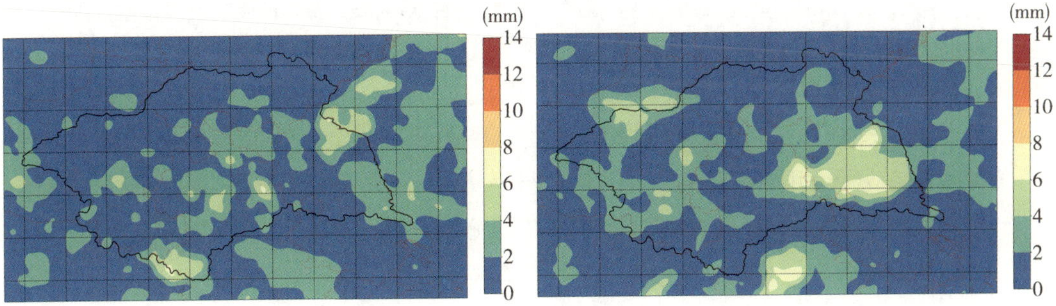


图 3.8　采用空间校正法(左)与双线性插值法(右)降水量的相似离度空间分布

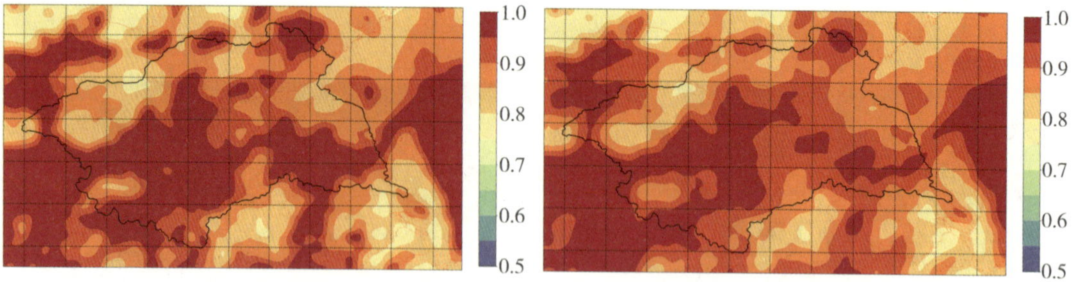


图 3.9 采用空间校正法(左)与双线性插值法(右)降水量的相似系数空间分布

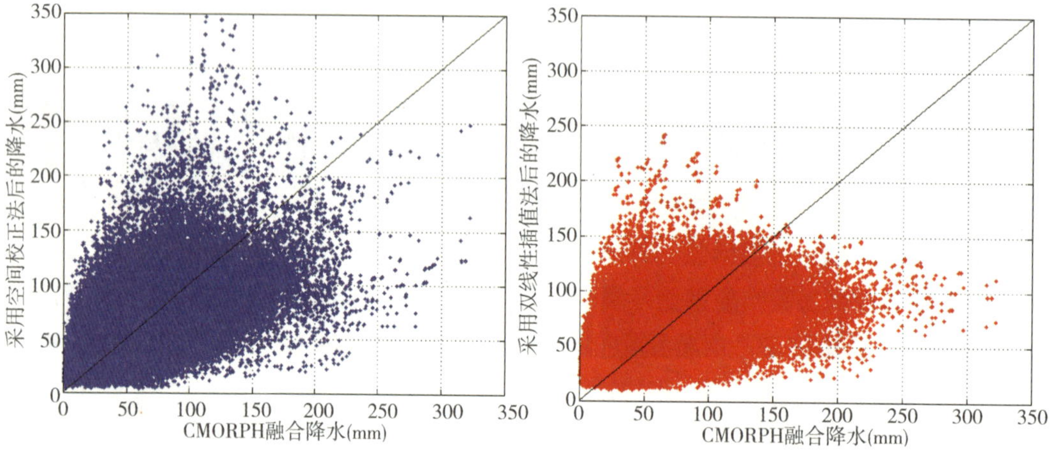


图 3.10 采用空间校正法(左)与双线性插值法(右)后的降水量与降水实况点聚图

从各评价指标空间分布上看,空间校正方法比双线性插值法在淮河上游更接近于降水场,一方面体现出空间校正方法在处理山区地形影响下的降水预报偏差订正和降尺度方面的优势。另一方面,从图 3.10 看,空间校正方法比双线性插值法具有更好的拟合度。统计分析结果也印证了空间校正方法的可行性。

### 3.4.3 定量降水预报驱动水文模型应用效果分析

在息县流域利用 WRF 模式降水预报数据驱动 Grid-Xin'anjiang 模型时,分别对该流域 20070629 场次洪水的两个洪峰(即 2007071004 号洪峰与 2007071510 号洪峰)进行了分析,针对不同预见期的 WRF 数据,Grid-Xin'anjiang 模型起算时间均统一为每天 08 时。对于 2007071004 号洪峰而言,强降水过程主要发生在2007年7月8日21时至2007年7月9日02时，考虑到WRF降水预报最长有72 h的预见期，因此，Grid-Xin'anjiang模型在模拟预报该次洪峰时，分别利用了2007年7月5、6、7、8日（每天20时发布）具有不同预见期的4场WRF降水预报数据。对于2007071510号洪峰而言，强降水过程主要发生在2007年7月14日03时至14时，Grid-Xin'anjiang模型在模拟预报该次洪峰时，分别利用了2007年7月10、11、12、13日（每天20时发布）具有不同预见期的4场WRF预报降水数据。Grid-Xin'anjiang模型在进行模拟预报时，起算时刻前降水均采用雨量站实测资料，而起算时刻后降水则采用WRF降水预报资料。

（1）2007071004号洪峰应用结果

Grid-Xin'anjiang模型在模拟预报2007071004号洪峰时，起算时刻分别为2007年7月6、7、8、9日08时，图3.11～图3.14分别为不同起算时刻所对应的模型计算结果对比图。为了探讨WRF降水预报在洪水预报方面的应用效果，图中还给出了在不考虑未来降水情况下的模型计算结果。

当模型起算时刻为2007年7月6日08时（图3.11），WRF降水预报的截止时间为2007年7月8日20时，由前述可知，WRF降水预报的截止时间早于该号洪峰对应的强降水过程开始时间，因此，并不能很好地模拟预报出该洪峰过程。但是，与不考虑未来降水情况下模型的计算结果相比，仍然能够模拟预报出较小的涨水过程。

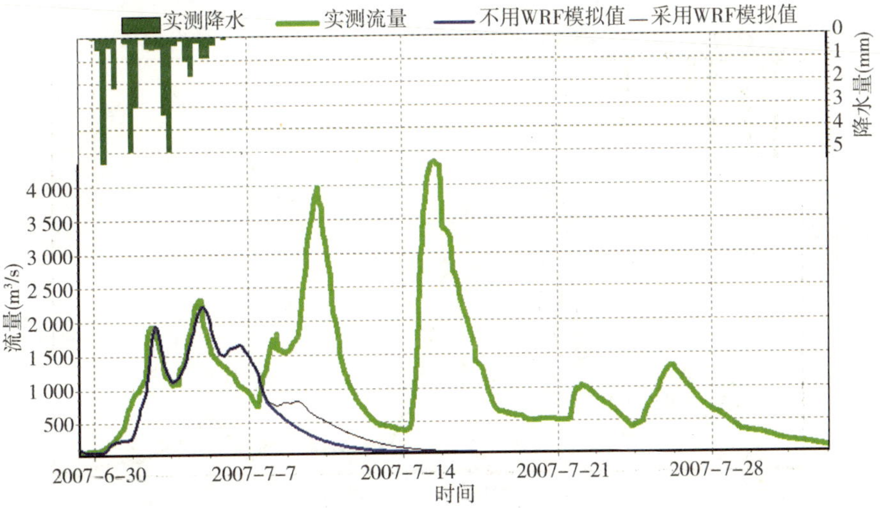


**图3.11　起算时刻为2007年7月6日08时对应的模型计算结果对比图**

当模型起算时刻为2007年7月7日08时(图3.12),WRF降水预报的截止时间为2007年7月9日20时,此时的WRF降水预报涵盖了该号洪峰对应的强降水过程。因此,由图3.12可以看出,基于WRF考虑未来降水情况下,模型能够较好地模拟预报出该涨水过程。与实测过程相比,采用WRF预报的流量略微偏小。

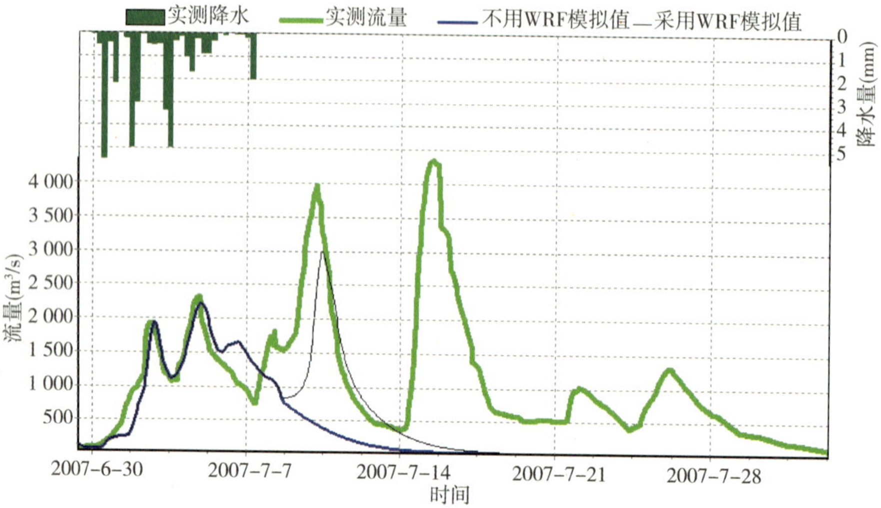


**图3.12　起算时刻为2007年7月7日08时对应的模型计算结果对比图**

当模型起算时刻为2007年7月8日08时(图3.13),WRF降水预报的截止

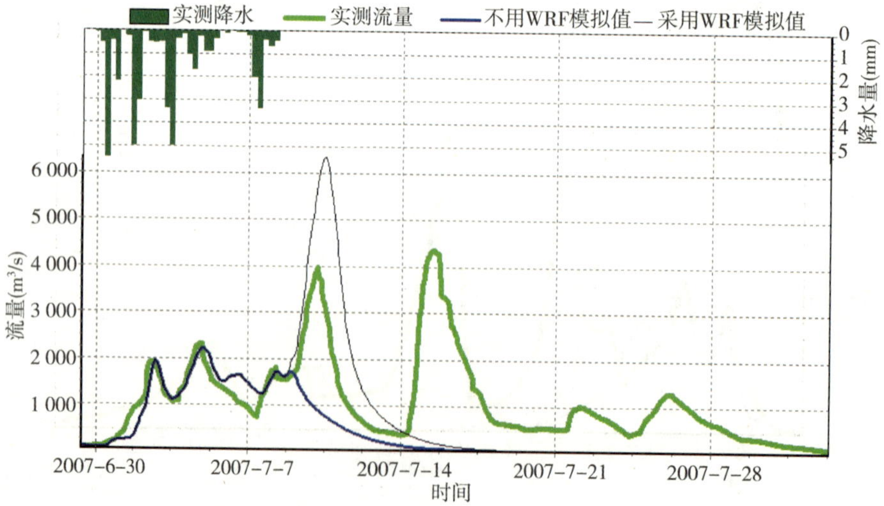


**图3.13　起算时刻为2007年7月8日08时对应的模型计算结果对比图**

时间为 2007 年 7 月 10 日 20 时，此时的 WRF 降水预报涵盖了该号洪峰对应的强降水过程。因此，由图 3.13 可以看出，基于 WRF 考虑未来降水情况下，模型能够模拟预报出该涨峰过程。但与实测过程相比，采用 WRF 预报的流量明显偏大。

当模型起算时刻为 2007 年 7 月 9 日 08 时(图 3.14)，WRF 降水预报的截止时间为 2007 年 7 月 11 日 20 时，由于模型的起算时刻在该号洪峰对应的强降水过程结束之后，即该强降水过程全部采用的是实测资料，因此，由图 3.14 可以看出，在此情况下考虑未来降水时模型的计算结果与不考虑未来降水时模型的计算结果相当，但前者的精度仍略优于后者。

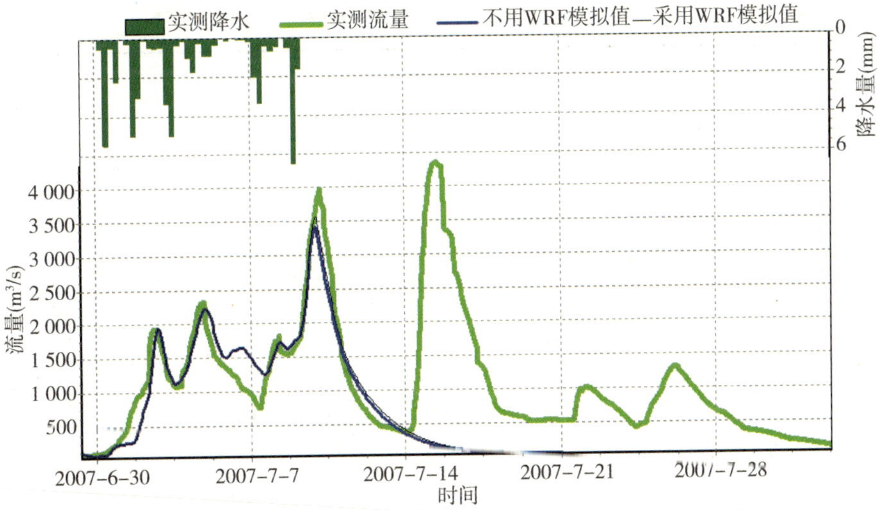


**图 3.14 起算时刻为 2007 年 7 月 9 日 08 时对应的模型计算结果对比图**

(2) 2007071510 号洪峰应用结果

Grid-Xin'anjiang 模型在模拟预报 2007071510 号洪峰时，起算时刻分别为 2007 年 7 月 11、12、13、14 日 08 时，图 3.15～图 3.18 分别为不同起算时刻所对应的模型计算结果对比图，图中分别给出了基于 WRF 考虑未来降水与不考虑未来降水情况下的模型计算结果。

当模型起算时刻为 2007 年 7 月 11 日 08 时(图 3.15)，WRF 降水预报的截止时间为 2007 年 7 月 13 日 20 时，由前述可知，WRF 降水预报的截止时间早于该号洪峰对应的强降水过程开始时间，因此，并不能很好地模拟预报出该洪峰过程。但是，与不考虑未来降水情况下模型的计算结果相比，仍然能够模拟预报出较小的涨水过程。

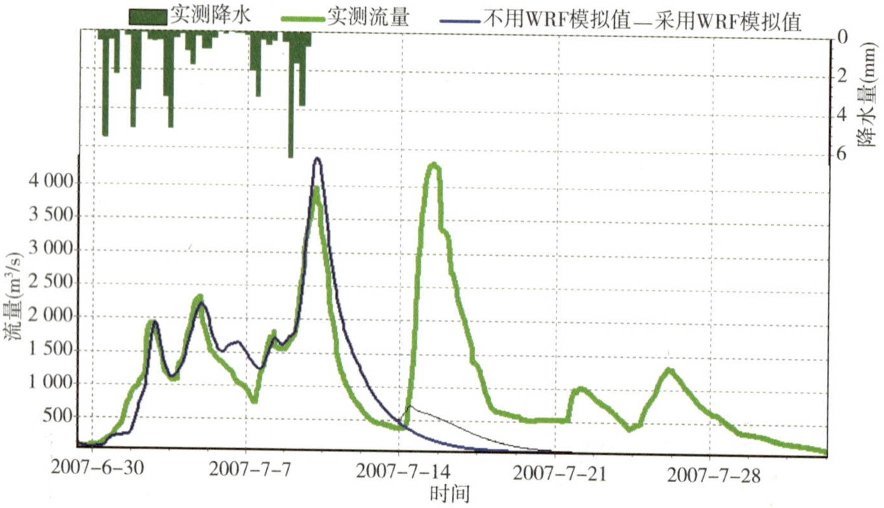


**图 3.15　起算时刻为 2007 年 7 月 11 日 08 时对应的模型计算结果对比图**

当模型起算时刻为 2007 年 7 月 12 日 08 时(图 3.16),WRF 降水预报的截止时间为 2007 年 7 月 14 日 20 时,此时的 WRF 降水预报涵盖了该号洪峰对应的强降水过程。但是,由图 3.16 可以看出,在基于 WRF 考虑未来降水情况下,模型并不能模拟预报该号洪峰过程,与不考虑未来降水情况下的模型计算结果基本一致。该结果表明,当前条件下 WRF 模式并没有预报出该号洪峰对应的降水过程。

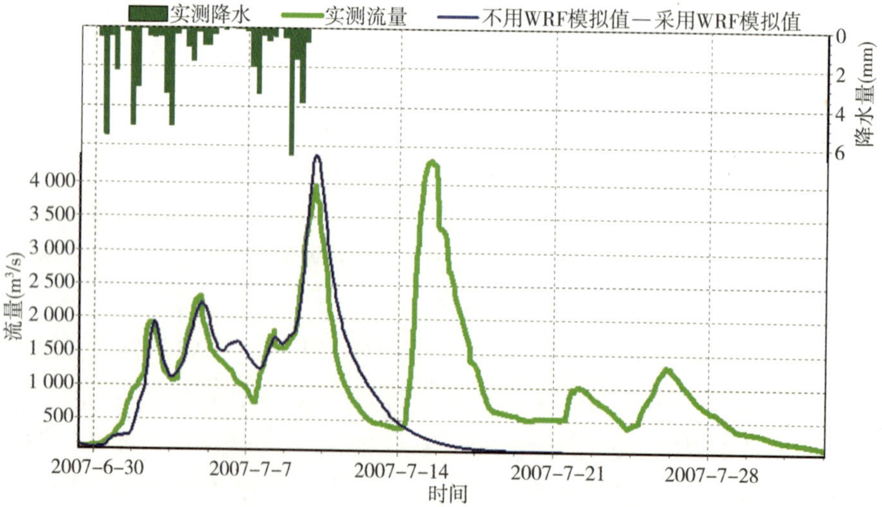


**图 3.16　起算时刻为 2007 年 7 月 12 日 08 时对应的模型计算结果对比图**

当模型起算时刻为 2007 年 7 月 13 日 08 时(图 3.17),WRF 降水预报的截止时间为 2007 年 7 月 15 日 20 时,此时的 WRF 降水预报涵盖了该号洪峰对应的强降水过程。由图 3.17 可以看出,在基于 WRF 考虑未来降水情况下,模型能够模拟预报出该涨峰过程。但与实测过程相比,采用 WRF 预报的流量明显偏小。

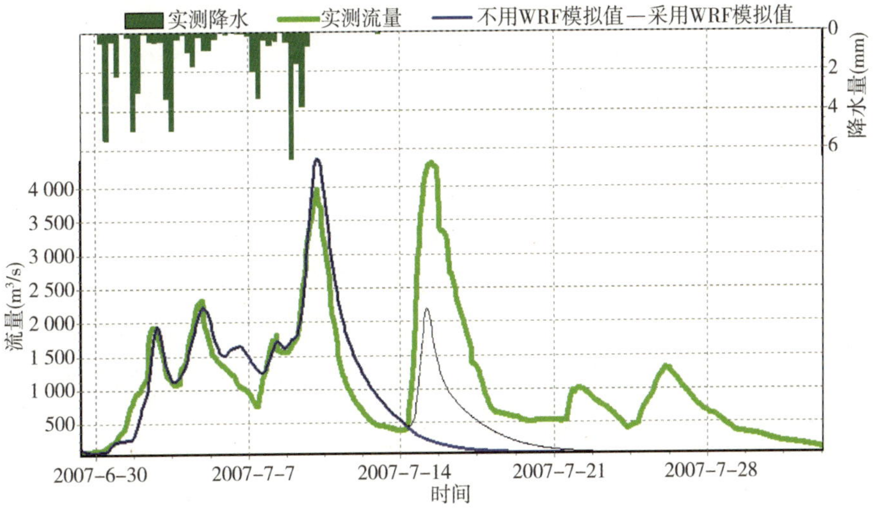


**图 3.17 起算时刻为 2007 年 7 月 13 日 08 时对应的模型计算结果对比图**

当模型起算时刻为 2007 年 7 月 14 日 08 时(图 3.18),WRF 降水预报的截

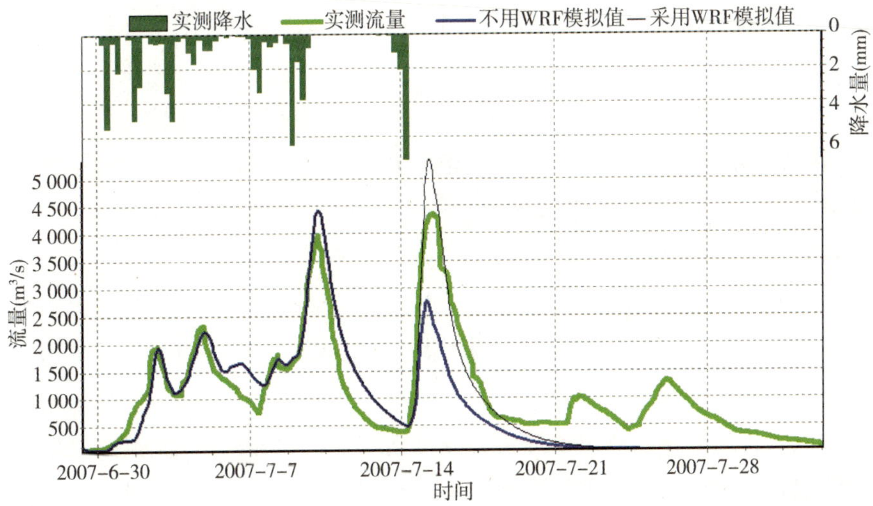


**图 3.18 起算时刻为 2007 年 7 月 14 日 08 时对应的模型计算结果对比图**

止时间为2007年7月16日20时，由于模型的起算时刻在该号洪峰对应的强降水过程发生之后，即该强降水过程部分(6个计算时段)采用的是实测资料，因此，由图3.18可以看出，在不考虑未来降水情况下，模型能模拟出一定的涨峰过程，但峰值明显偏小。图3.18表明，当前条件下，基于WRF考虑未来降水的模型能够更好地模拟预报该号洪峰过程。与实测过程相比，采用WRF预报的流量略微偏大。

对于我国多数流域，尤其是山丘区流域，洪水预见期通常较短，不能满足流域防洪要求，如何更有效地延长洪水预见期已成为洪水预报研究中的热点与难点问题之一。本章基于WRF数值预报模式，利用该模式降水预报驱动Grid-Xin'anjiang模型，以息县流域为例，探讨了WRF模式在延长洪水预见期方面的应用效果。结果表明，在利用WRF数值预报模式考虑未来降水的情况下，Grid-Xin'anjiang模型的预报预警能力整体上有明显提高，洪水预见期一般可以延长24～48 h。采用水文气象耦合的方式进行洪水预报，基本可以满足息县流域洪水预报预警要求。为了在延长洪水预见期的基础上，进一步提高洪水预报精度，WRF模式的预报精度还有待提高。

## 3.5 小结

本章在分析雷达测雨数据误差基础上，研究分析了雷达测雨数据驱动水文模型对径流模拟效果的影响；利用WRF数值预报模式降水数据驱动Grid-Xin'anjiang模型，以息县流域为例，探讨了WRF模式在延长洪水预见期方面的应用效果。

(1) 若雷达测雨数据 $NB$ 值大(小)，则径流模拟的过程流量误差 $NBs$ 大(小)，洪峰流量误差 $Z$ 大(小)。这种正相关关系说明减小 $NB$ 值可以改进径流模拟效果。雷达测雨误差 $NB$ 值经过水文模型传递后，过程流量误差 $NBs'$ 和洪峰流量误差 $Z$、$Z'$ 都明显减小，水文模型误差存在传递一致性减小效应。

(2) 不同的雷达测雨校正方法对应不同的径流模拟效果，虽然雷达测雨存在误差，但与水文模型耦合进行径流模拟总体上能获得较好的效果。雷达测雨校正方法直接关系到径流模拟误差。在几种雷达测雨校正方法之中，采用联合校正方法校正后的雷达测雨数据作为栅格新安江模型输入，径流模拟效果相对于未经过雷达测雨校正的过程流量误差 $NBs'$ 和洪峰流量误差 $Z'$ 的改进效果最为明显。

(3) 利用 WRF 数值预报模式考虑未来降水的情况下，Grid-Xin'anjiang 模型的预报预警能力整体上有明显提高，洪水预见期一般可以延长 24～48 h；降水是所有水文过程的驱动力，强降水过程对洪峰流量与峰现时间有显著的影响。虽然 WRF 降水预报存在一定的偏差(包括时间、空间、量级)，但 WRF 模式提供了预见期内降水过程信息，使得洪水预报预警的效果有较大改进。随着天气预报模式和水文模型的改进，采用水文气象耦合的方式进行洪水预报预警的效果必然将得到进一步提高。

## 参考文献


[1] 张亚萍. 利用新一代天气雷达观测资料制作流域径流预报的研究[D]. 南京：南京信息工程大学，2007.

[2] 赵坤，葛文忠，刘国庆，等. 在雷达测雨和洪水预报中自适应卡尔曼滤波法的应用[J]. 高原气象，2005，24(6)：956-965.

[3] 李致家，刘金涛，葛文忠，等. 雷达估测降雨与水文模型的耦合在洪水预报中的应用[J]. 河海大学学报(自然科学版)，2004，32(6)：601-606.

[4] 刘晓阳，毛节泰，李纪人，等. 雷达估测降水模拟史灌河流域径流[J]. 北京大学学报(自然科学版)，2002，38(3)：342-349.

[5] 张利平，张晓琳，徐霞，等. 基于水文模型的雷达监测降雨量误差传递研究[J]. 水文，2012，32(1)：13-17.

[6] 邵月红，林炳章，叶金印，等. 基于 Elman 动态神经网络的降雨-径流模拟研究[J]. 大气科学学报，2014，37(2)：223-228.

[7] SEO B C，KRAJEWSKI W F. Scale dependence of radar rainfall uncertainty：Initial evaluation of NEXRAD's new super-resolution data for hydrologic applications[J]. Journal of Hydrometeorology，2010，11(5)：1191-1198.

[8] SHARIF H O，OGDEN F L，KRAJEWSKI W F，et al. Numerical simulations of radar rainfall error propagation[J]. Water Resources Research，2002，38(8)：15-11-15-14.

[9] VIVONI E R，ENTEKHABI D，HOFFMAN R N. Error propagation of radar rainfall nowcasting fields through a fully distributed flood forecasting model [J]. Journal of Applied Meteorology and Climatology，2007，46(6)：932-

940.

[10] COLLIER C G. On the propagation of uncertainty in weather radar estimates of rainfall through hydrological models[J]. Meteorological Applications, 2009, 16(1): 35-40.

[11] BLÖSCHL G, RESZLER C, KOMMA J. A spatially distributed flash flood forecasting model[J]. Environmental Modelling & Software, 2008, 23(4): 464-478.

[12] ARTAN G, GADAIN H, SMITH J L, et al. Adequacy of satellite derived rainfall data for stream flow modeling[J]. Natural Hazards, 2007, 43(2): 167-185.

[13] BEIGHLEY R E, EGGERT K G, DUNNE T, et al. Simulating hydrologic and hydraulic processes throughout the Amazon River Basin[J]. Hydrological Processes, 2009, 23(8): 1221-1235.

[14] SU F G, HONG Y, LETTENMAIER D P. Evaluation of TRMM Multi-satellite Precipitation Analysis (TMPA) and its utility in hydrologic prediction in the La Plata Basin[J]. Journal of Hydrometeorology, 2008, 9(4): 622-640.

[15] COLLISCHONN B, COLLISCHONN W, TUCCI C E M. Daily hydrological modeling in the Amazon basin using TRMM rainfall estimates[J]. Journal of Hydrology, 2008, 360(1-4): 207-216.

[16] 刘黎平，钱永甫，王致君. 双线偏振雷达在水文预报领域的应用——实时水文预报系统的研制[J]. 高原气象，1996，15(4)：508-514.

[17] 刘金涛，李致家. 基于雷达测雨的实时洪水预报模型[J]. 河海大学学报(自然科学版)，2004，32(5)：488-491.

[18] 任立良，李春红，王美荣. HUBEX强化观测期雷达测雨在水文过程模拟中的应用[J]. Advances in Atmospheric Sciences, 2003, 20(2): 205-211.

[19] 温立成. 基于中短期降水预报的洪水预报与洪水调度研究[D]. 南京：河海大学，2004.

[20] WILLEIT M, AMORATI R, MONTANI A, et al. Comparison of spectral characteristics of precipitation from radar estimates and COSMO-model predicted fields[J]. Meteorology & Atmospheric Physics, 2015,

127(2)：191-203.

[21] KRZYSZTOFOWICZ R. Probabilistic hydrometeorological forecasting [J]. Risk，Reliability，Uncertainty，and Robustness of Water Resources Systems，2001：41-46.

[22] GOUWELEEUW B，REGGIANI P，DE ROO A. A European flood forecasting system EFFS[R]. Final Report，JRC，WL Delft Hydraulics，Italy，2004.

[23] 李致家，姚成，章玉霞，等. 栅格型新安江模型的研究[J]. 水力发电学报，2009，28(2)：25-34.

[24] 姚成. 基于栅格的分布式新安江模型构建与分析[D]. 南京：河海大学，2007.

[25] 叶金印，高玉芳，李致家. 雷达测雨误差及其对淮河流域径流模拟的影响[J]. 湖泊科学，2013，25(4)：593-599.

[26] 傅云飞，宇如聪，崔春光，等. 基于热带测雨卫星探测的东亚降水云结构特征的研究[J]. 暴雨灾害，2007，26(1)：9-20.

[27] HE Y，WETTERHALL F，CLOKE H L，et al. Tracking the uncertainty in flood alerts driven by grand ensemble weather predictions[J]. Meteorological Applications，2009，16(1)：91-101.

# 第四章

# 淮河流域集合预报性能评估及洪水预报研究

## 4.1 概述

自从 Lorenz[1-2]发现天气系统所固有的混沌现象以来，人们认识到完美的天气预报是不可能得到的，因为微小的初始条件的偏差必然随时间增长，导致确定性预报注定会发生失误。另外一个途径是，找出合理的大气条件概率分布函数，由此产生多个不同的大气初始场，或选择不同的数值预报模式参数化方案，来考虑天气预报的不确定性。Leith[3]指出集合预报平均值是大气真实状态在最小均方差意义上的最佳估计值。Buizza[4]把集合预报系统(Ensemble Prediction System, EPS)理解为一个基于有限数量确定性预报的集成系统，这是气象学上仅有的可行方式，它可以用来预报超出线性误差增长范围的概率密度函数。作为估计天气预报不确定性的实用方法，EPS 已经为气象界所接受[5]。在水文和水资源管理领域，EPS 也被人熟知，且已被水文集合预报试验(Hydrologic Ensemble Prediction Experiment, HEPEX)所证实，并已经被广泛用于水灾害相关领域[6]，其应用成果在网站(www. hepex. org)进行公开发表。

气象学家非常重视对 EPS 的预报性能进行评估，近年来水文学家也采用诸如布莱尔评分(Brier Score, BS)、排序概率评分(Ranked Probability Score, RPS)、相互作用(Relative Operating Characteristic, ROC)曲线以及其他统计方法对 EPS 的预报性能进行评估[7]。气象学家所计算统计的变量不一定都直接和水文相关，如统计分析 500 hPa 位势高度和栅格平均降水量，统计的尺度也不一定能和水文模型尺度相匹配[8-9]。Pappenberger 和 Buizza 等也做过这方面的讨论[10-11]。正是因为要做出 EPS 在水文和其他相关领域应用成效的评价性结论存在困难，一些能反映特定需求的新型评分方法也因此得到发展[12]。大多数水文气象预报系统的研究不仅包括水文预报技巧，还包括气象预报技巧[13-16]。许多研究从集合预报的降水预报性能以及所模拟出的流量集合预报来评价 EPS 的"水文学"预报性能。例如，Thirel 等[17]采用布莱尔技巧评分(Brier Skill Score，BSS)和排序概率技巧评分(Ranked Probability Skill Score，RPSS)，评估了欧洲模式和法国集合预报系统(Prévision d'Ensemble ARPEGE，PEARP)的预报性能。Velázquez 等[18]使用连续概率排序评分方法(CRPS)和排序柱状图来评估加拿大水文集合预报系统(Hydrological Ensemble Prediction System，H-EPS)。何倚等[19]采用 CRPS 和 ROC 方法，评估了 7 个预报中心对 2008 年 1 月英国塞文河(Severn)上游的集合降水预报和集合径流预报性能。这些研究对于促进集合预报系统的水文应用是有价值的。但是这些研究没有提供集合降水预报必要的细节分析，如对应不同积分步长(尤其是对日内时间尺度的不同积分步长)、不同预见期、不同特性的流域子单元，大多数仅仅局限于个例研究。

集合预报作为一种新的数值预报技术[20]，其本质是考虑边界条件不完善、数据同化误差等对气象预报造成的影响，将确定性数值天气预报向大气变量的完全概率预报转变，为降水预报、径流预报提供了新的思路[21]。集合预报系统(EPS)在国外已被广泛应用多年。水文集合预报试验(HEPEX)成果表明，EPS 可以服务于洪水预报预警和防灾减灾决策支持，而我国在这方面的研究相对较少[22 24]。确定性天气预报是由数值天气预报模式(NWP)产生的单一预报值的预报产品，确定性数值天气预报高度依赖于大气初始条件的估算，并且没有考虑到不确定性。如果初始条件不准确，数值天气预报就不能准确地模拟出天气过程。

自 1992 年起，欧洲中期天气预报中心(ECMWF)已经能制作短期到中期范围(0～15 天预见期)的业务集合天气预报。其他天气预报中心也与 ECMWF 一起，共同制作集合天气预报，并且共享预报产品，称之为全球集合天气预报(THORPEX Interactive Grand Global Ensemble，TIGGE)，TIGGE 已被应用于许多水文气象预报研究。

本章基于 CRPS 方法设计了集合预报性能评估方案，采用 TIGGE 数据集中的 ECMWF50 个集合预报成员，降水预报的预见期为0～240 h。首先对欧洲模式集合降水预报在淮河流域的整体性能进行了评估，再分析了不同子流域特性和季节对欧洲模式集合预报性能的影响，进而分析了日内时间尺度的集合预报性能。采用欧洲模式集合降水预报产品驱动洪水预报模型，进行洪水模拟预报试验。选择淮河蒋家集以上流域作为试验流域，与仅采用地面降水观测资料的模拟结果对比分析，探讨欧洲模式集合降水预报产品在淮河流域洪水预报与预警中的实际应用效果。

## 4.2 研究区域和资料

淮河流域由淮河水系和沂沭泗水系两大水系组成，总面积约 270 000 km²。淮河干流的总长度超过 1 000 km，总落差 200 m，王家坝控制站以上落差178 m，而中下游总落差相对较低，仅 22 m，造成洪水下泄不畅，流速较低，增加洪涝灾害的风险。流域东北部是沂沭泗水系，其中大部分是古黄河冲积平原，是古黄河洪水泛滥的产物，并导致河流的路径发生改变。沂沭泗水系源于山东省沂蒙山区，主要流经山东、江苏两省，汇入南部的洪泽湖。

(1) 流域划分

本研究在淮河流域 15 个子流域划分的基础上，再细分成 27 个子流域(子单元)，主要在大别山区、桐柏山区、伏牛山区和沂蒙山区进行了更细致的划分(图 4.1)，侧重对山区小流域的研究。子流域 10 为里下河地区，子流域 11～15 为沂沭泗水系。由于流域内水利工程众多，不能单纯依靠自然地形和高程来进行子流域划分，表 4.1 为 27 个子流域特性列表，包括面积、中心经纬度坐标、年平均温度、降水时间序列的拟合优度($R^2$)等。最后一列将在“观测降水数据质量分析”部分进行说明。

淮河流域降水的时空分布极不均匀，且年际变化大。这归因于流域处于南方季风气候和北方大陆性气候的南北气候过渡带。东亚夏季风降水(梅雨)通常发生于 6 月到 7 月上旬。梅雨锋产生流域性大范围、持续性的强降水。雨季的起始时间、持续时间和总降水量通常决定了流域年内洪涝的严重程度。7 月下旬到 9 月也偶尔会受到台风影响，并带来强降水，尽管流域的西部到海岸线有超过 900 km 的距离。例如，台风“尼娜”(Nina)就造成一次强风暴过程，林庄站(位于第 21 个子单元)降水量记录为 6 小时达到 830 mm。台风降水的区域范围以及降水的持续时间都小于梅雨锋降水。每年 5—9 月为淮河流域汛期，其中 6—8 月间平均每年有 2.3 个暴雨日，降水量最多的 1954 年有 5.1 个暴雨日，降水量最少的 1966 年仅 0.7 个暴雨日[25]。淮河流域汛期常见的降水类型是层状云降水和对流性降水，对流性降水常造成局地性强降水，积层混合云造成范围更大、强度更强的降水；非汛期主要是层状云降水。

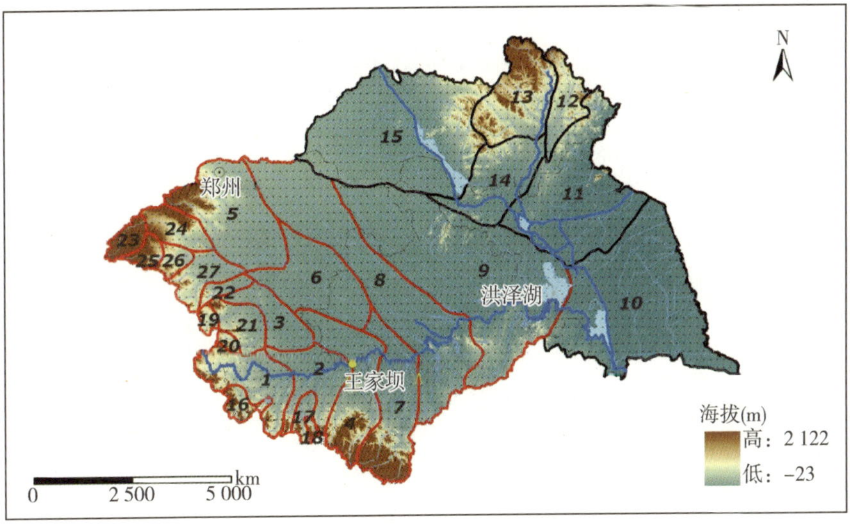


图 4.1　淮河流域海拔高度及 27 个子单元

表 4.1　淮河流域 27 个子单元的特点

| 序号 | 面积（$km^2$） | 中心坐标（经度/纬度） | 平均海拔（m） | 年平均降水量（mm） | 年平均温度（℃） | $R^2$ |
|---|---|---|---|---|---|---|
| 1 | 8 382 | 114.09°/32.23° | 139 | 1 049 | 15.1 | 0.874 4 |
| 2 | 7 167 | 115.03°/32.22° | 75 | 1 035 | 15.2 | 0.812 8 |
| 3 | 5 017 | 114.46°/32.98° | 52 | 914 | 14.9 | 0.897 8 |
| 4 | 11 407 | 115.57°/ 32.20° | 141 | 1 074 | 15.3 | 0.904 7 |
| 5 | 14 242 | 113.85°/34.23° | 134 | 696 | 14.5 | 0.908 0 |
| 6 | 11 566 | 115.09°/33.42° | 41 | 815 | 14.8 | 0.920 4 |
| 7 | 12 115 | 116.21°/31.90° | 205 | 1 126 | 15.4 | 0.900 9 |
| 8 | 28 498 | 115.96°/33.43° | 44 | 825 | 14.8 | 0.956 9 |
| 9 | 40 089 | 117.31°/33.54° | 37 | 825 | 14.1 | 0.962 3 |
| 10 | 32 162 | 119.84°/33.14° | 6 | 851 | 12.3 | 0.967 9 |
| 11 | 21 472 | 118.96°/34.44° | 31 | 795 | 12.5 | 0.977 3 |
| 12 | 4 282 | 118.78°/35.55° | 167 | 782 | 12.8 | 0.929 3 |
| 13 | 10 185 | 118.10°/35.60° | 248 | 756 | 13.1 | 0.940 3 |

续表

| 序号 | 面积<br>($km^2$) | 中心坐标<br>(经度/纬度) | 平均海拔<br>(m) | 年平均<br>降水量<br>(mm) | 年平均<br>温度<br>(℃) | $R^2$ |
|---|---|---|---|---|---|---|
| 14 | 9 240 | 117.80°/34.63° | 64 | 808 | 13.9 | 0.968 2 |
| 15 | 31 148 | 116.35°/35.17° | 66 | 666 | 13.9 | 0.978 9 |
| 16 | 1 769 | 113.97°/31.95° | 257 | 1 073 | 15.1 | 0.787 0 |
| 17 | 1 381 | 114.90°/31.80° | 142 | 1 163 | 14.7 | 0.815 5 |
| 18 | 333 | 114.99°/31.65° | 267 | 1 213 | 14.5 | 0.742 7 |
| 19 | 815 | 113.47°/32.99° | 213 | 917 | 14.7 | 0.725 5 |
| 20 | 635 | 113.78°/32.71° | 224 | 976 | 14.9 | 0.731 7 |
| 21 | 3 672 | 113.97°/32.92° | 122 | 945 | 14.8 | 0.915 4 |
| 22 | 1 387 | 113.71°/33.36° | 103 | 876 | 14.7 | 0.880 2 |
| 23 | 1 941 | 112.29°/33.95° | 796 | 697 | 14.4 | 0.719 8 |
| 24 | 3 760 | 113.01°/34.08° | 264 | 693 | 14.4 | 0.905 0 |
| 25 | 1 436 | 112.57°/33.79° | 497 | 741 | 14.6 | 0.805 9 |
| 26 | 1 539 | 112.96°/33.70° | 192 | 780 | 14.7 | 0.895 0 |
| 27 | 3 978 | 113.39°/33.50° | 131 | 815 | 14.6 | 0.899 2 |

(2) 观测降水数据质量分析

采用 CMORPH 融合降水产品作为地面降水数据,以此为降水"真值"对欧洲模式集合降水预报性能进行评估。CMORPH 融合降水产品数据集是基于逐小时降水量和卫星数据的融合产品,采用国家气象观测站逐日雨量观测资料作为基准,对其质量进行检查。采用线性回归函数计算 27 个子流域的逐日 CMORPH 融合降水数据($X$ 轴)和逐日雨量观测数据($Y$ 轴)的相关性,计算得到拟合优度 $R^2$(表 4.1 的最后一列)。逐日 CMORPH 融合降水数据由逐小时数据累加而成,逐日雨量观测数据为观测值,统计分析时段为 2008 年 1 月 1 日到 2011 年 12 月 31 日。可以看出,较大面积的子流域和低海拔地区的子流域二者之间的相关性较好(图 4.2),较小面积的子流域和高海拔地区的子流域二者之间的相关性较差。所有的 27 个线性回归函数 $Y$ 轴截距为正值,说明相比于逐日雨量观测数据,逐日 CMORPH 融合降水数据存在低估现象。Xie 等[26]也有类似的发现,CMORPH 融合降水产品对中国东部的降水量估测偏低。最大和最小的 $R^2$ 分别是第 15 片子流域(面积为 31 148 km$^2$、平均海拔 66 m)和第 23 片子流域(面积为 1 941 km$^2$、平均海拔 796 m)(图 4.3)。

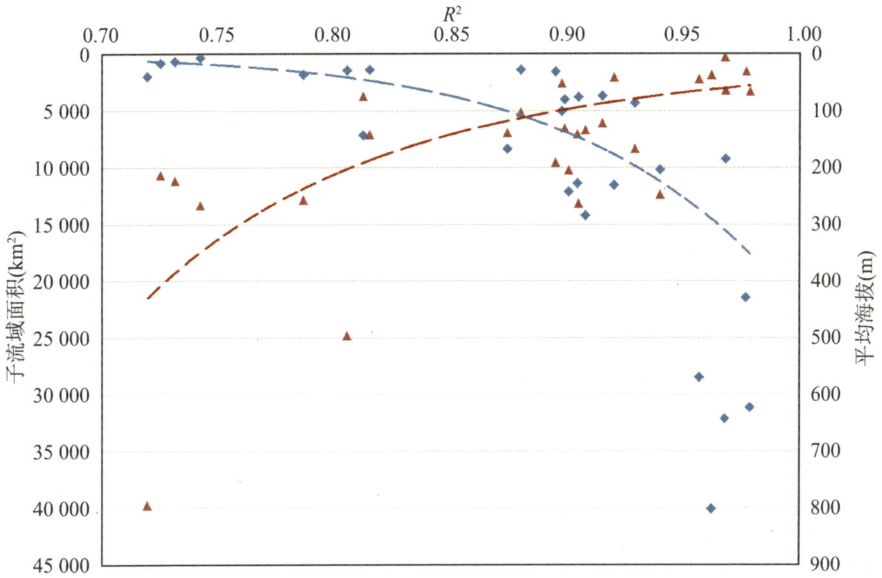


**图 4.2** 子流域面积(左轴,菱形标记)/平均海拔(右轴,三角标记)和拟合优度 $R^2$(逐日 CMORPH 融合降水数据与逐日雨量观测资料)的关系

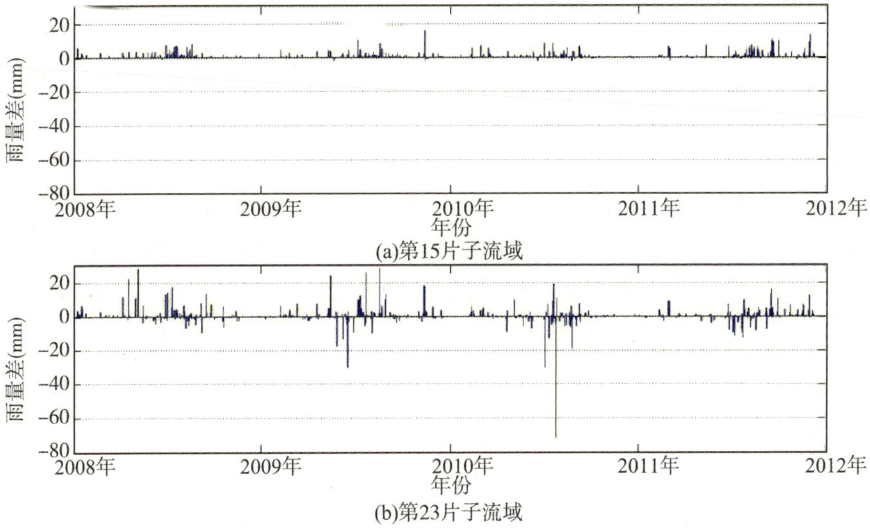


**图 4.3** 相关性最好和最差的子流域逐日降水资料时间序列(雨量观测数据- CMORPH 融合降水数据)的差异

使用 CMORPH 融合降水产品数据的优势在于其高时空分辨率，这使得在日内时间尺度上评估集合预报性能成为可能。27 个子流域的相关性都在 0.7 以上，是完全可接受的。然而，需要认识到由高时空分辨率融合降水产品的局限性所带来的集合预报评分的不确定性。

(3) 欧洲模式的中期集合降水预报资料

中期集合降水预报资料来源于欧洲中期天气预报中心(ECMWF)。总降水量(TP)的预报来自欧洲模式大气集合预报系统每天 0000 时(UTC)发布的预报产品。它有 51 个预报成员，包括 1 个控制预报和 50 个扰动预报，这些扰动预报依赖于数据同化程序驱动的分析场和 50 个不同的扰动条件。TP 数据的预报时段长度在 0～96 h 预见期为 3 h 时间间隔，在 96～240 h 预见期为 6 h 时间间隔。将 51 个预报成员降水预报数据采用等权重插值到空间网格。本研究的集合降水预报数据时间长度为 2008 年 1 月 1 日 0000 时(UTC)到 2012 年 9 月 30 日 0000 时(UTC)。

## 4.3 欧洲模式集合降水预报对淮河流域预报性能评估

淮河流域是我国经济发展最快的区域之一，但也是水文气象灾害频发的区域，洪涝灾害是该流域最严重的自然灾害，较大的流域性洪水平均 5 年一次，局部性洪水平均 2～3 年一次，影响人口数百万。由于流域内经济繁荣而灾害频发，近年来也有一些研究指出将集合预报应用于该流域。He 等[27]使用 TIGGE 中六个预报中心的集合预报产品驱动耦合的大气水文串联系统模拟了 2007 年淮河流域上游(30 672 $km^2$)3 次洪水过程。结果表明，TIGGE 多模式集合预报对于提高流域预报技巧有很大的潜力，能延长洪水预见期到 10 天左右。Yang 等[28]使用广义加法模型(Generalized Additive Models, GAM)和贝叶斯模型平均(Bayesian Model Averaging，BMA)对 NCEP 的集合预报进行后处理。此方法应用于 2007 年 7 月淮河沂沭泗水系洪水预报。BMA 预报优于原始集合预报，特别是对于极端降水的预报。Liu 等[29]评估了经过后处理的 NCEP 的 GFS (Global Forecast System)模式集合预报的预报技巧，其研究是利用 1981 年以来共 23 年的资料，评估了其对淮河流域 15 个子流域的预报性能，但由于以前没有全流域的均一化降水数据集，故没有对原始集合预报性能进行细节性分析。Bröcker[30]指出，集合预报原始输出产品的预报性能评估是降水预报的后处理和进一步在水文或其他领域应用的基础，从而消除原始集合预报模式产品的预报误差，以提高预报技巧和降低预报发散度。目前，中国气象局已经能够提供准实时的小时级高分辨率的降水观测分析产品，这使得我们能够对集合预报性能进行日内时间尺度的准实时评估。

本节的目的是对欧洲模式中期集合降水预报进行深入细致的评估，以回答三个方面的科学问题：①欧洲模式集合降水预报对于中纬度淮河流域的预报性能如何？②预报性能多季节、子流域特性、预见期以及预报累积时间长度是如何变化的？③日内时间尺度的集合预报有何可用之处？或者是现行模式产生的无用噪声？

### 4.3.1 评估方案设计与评估方法

（1）评估方案设计

将逐小时 CMORPH 融合降水产品累加处理成逐日降水量资料，采用淮河流域逐日降水量观测资料对其进行评估。所采用的淮河流域逐日降水量观测资料独立于用来进行降水融合的逐小时降水观测资料，为北京时间 20 时～20 时(UTC＋8h)的逐日降水记录。对逐小时 CMORPH 融合降水产品进行累加，形成与逐日降水量观测资料时间尺度一致的逐日 CMORPH 融合降水产品。与逐小时 CMORPH 融合降水产品不同的是，逐日降水量观测资料经过了质量控制并进行了反复评估，因此被认为是一种合理的基准资料，可用来交叉检查 CMORPH 融合降水产品的数据质量。在研究时间段内，计算每个子流域 CMORPH 融合降水产品和逐日降水量观测数据之间的相关性。

对 CMORPH 融合降水数据进行质量检查之后，再对集合降水预报进行评价。将整个研究时间段分为 10 个子时间段，即 5 个汛期和 5 个非汛期。汛期包括 5 个月，即 5—9 月；非汛期包括 7 个月，即 10 月—次年 4 月。除第一个子时间段的 2008 年非汛期，包括 4 个月(2008 年 1 月 1 日—4 月 30 日)外，剩下的 9 个阶段都是完整的。汛期和非汛期交替，以 2012 年汛期(2012 年 5 月 1 日—9 月 30 日)结束。对所有的 10 个子时间段、27 个子流域(子单元)、5 个不同的预报累积时段(预报时间间隔分别为 3 h、6 h、12 h、24 h、48 h)以及所有可用的预见期，评估欧洲模式集合降水预报的性能。

（2）评估方法

*CRPS* 和 *CRPS* 的两个变体都被用来评价集合预报性能[31]。*CRPS* 是一个评估变量集合的累积概率分布与检验单一变量一致性程度的工具。

$$CRPS = \int_{-\infty}^{\infty} [P(x) - H(x - x_a)]^2 \mathrm{d}x \tag{4.1}$$

式中：$x$ 是预报变量；$x_a$ 是实测值变量（观测值）；$P(x)$ 是 $x$ 的累积分布函数；$H(x-x_a)$ 是赫维赛德阶跃函数（Heaviside Step Function）。$CRPS$ 的量纲单位与 $x$ 是相同的。如果 $P(x)=H(x-x_a)$，则为理想的吻合程度（$CRPS=0$），这是一个完美的确定性预报。在实践中，$CRPS$ 通常取某个区域和多个预报模式的平均值。这可能导致一个技术问题，当比较不同的地区、不同的季节或不同累积时间步长时，$x$ 值会有所差别。即在一个特定的地区或季节，一个较低的 $CRPS$ 相比于其他区域或季节并不一定等同于更好的预报结果。这是因为一个较低的 $x$ 值就会导致一个较低的 $CRPS$ 值，但并不一定是某个区域或季节的较好预报结果。Trinh 等[32] 发现 $RCRPS$（Reduction Continuous Rank Probability Score），即标准化的 $CRPS$ 可以解决这一技术问题。利用人们关心的变量的标准偏差对 $CRPS$ 进行标准化。

$$RCRPS=\frac{CRPS}{\sigma_a} \tag{4.2}$$

式中：$\sigma_a$ 是某区域和某些研究事件中所有 $x_a$ 值的标准差 。

$CRPS$ 的另一种标准化形式是连续排序概率技巧评分（Continuous Ranked Probability Skill Score，CRPSS），通常是采用研究区域的气候值或基本稳定值作为参考值，对 $CRPS$ 进行标准化。

$$CRPSS=1-\frac{CRPS_F}{CRPS_R} \tag{4.3}$$

式中：$CRPS_F$ 代表预报值的 $CRPS$ 评分；$CRPS_R$ 是一个相同预报变量的气候预报值（参考值）$CRPS$ 分数。$CRPSS$ 用来衡量集合预报系统相对于气候预报的改进程度，其值的范围是从 $-\infty$ 到 1，其中 1 是理想的预报，负值表示集合预报比气候预报的结果差。此研究中使用的气候预报值是气候学参考值，使用 2008 年 1 月 1 日至 2012 年 10 月 10 日的观测降水分析数据，分别计算汛期和非汛期每个子流域和各累计时间步长的气候预报值。

先分别计算 5 个汛期和 5 个非汛期的 24 h 总降水量及各自的平均值，再依次计算 $CRPSS$。使用多元回归函数对 $CRPSS$ 对子流域特征的依赖程度进行研究。

$$CRPSS=a+b_1\cdot CS+b_2\cdot ME+b_3\cdot MAP \tag{4.4}$$

式中：$a$ 是截距；$b_i$ 是每个变量的系数；$CS$ 是子流域面积；$ME$ 是子流域平均海拔；$MAP$ 是年平均降水量。变量 $CS$、$ME$ 和 $MAP$ 都是用每个变量的最大值对其进行标准化处理 。

### 4.3.2　欧洲模式集合降水预报性能评估

(1) 欧洲模式集合降水预报整体性能分析

*CRPSS* 用于评估欧洲模式集合降水预报相对于气候预报的整体性能(预报技巧)。图 4.4 为分别使用 24 h 累积降水量计算出的 5 个汛期和 5 个非汛期平均 *CRPSS*,子图从左到右、从上到下按照子流域面积的递增次序排列。每个子图上面的数字分别是子流域编号、面积、平均海拔、年平均降水量。除了第 5、12、13、23、24 和 25 片子流域,所有子流域在汛期和非汛期均表现出随着降水预报预见期的增加,技巧评分整体减少的趋势。而在上述 6 个子流域,随着降水预报预见期的增加,技巧评分却呈现上升或波动状态。第 5、23、24 和 25 片子流域位于桐柏山西北麓山区,子流域第 12 片和 13 片位于沂蒙山东北麓山区。集合预报在这 6 个位于 34°N～36°N、高海拔地区的子流域完全没有显示出任何预报技巧。这表明在高海拔地形占主导地位的流域,建立局地小尺度降水模型很有必要。

预报性能随季节和子流域的大小变化很大。汛期(蓝线)比非汛期(红线)具有较高的预报性能。这表明,在潮湿的季节比在干燥的季节更容易准确地预测降水的发生和范围,预测技巧比少雨季节更娴熟。汛期的 *CRPSS* 不低于 0,这意味着所有 27 个子流域的降水预报技巧比其气候预测更娴熟。小于 2 000 km$^2$ 的子流域(图 4.4 中第一行除第 23,25 片子流域),汛期最高得分从未超过 0.4,分数比非汛期分数低得多,且大多数没有预报技巧(*CRPSS*<0)。对于小于 1 万 km$^2$ 的子流域(图 4.4 中第二行除了第 12,13 和 24 片子流域),分数优于上述第一排的子流域。最好的成绩出现在大于 1 万 km$^2$ 的子流域(在图4.4 中最后一行除了第 5 片子流域)。总体而言,预报技巧随着子流域面积的增加而提高,汛期的集合预报性能优于非汛期。

对于中纬度地区的流域,如淮河流域,在汛期对面积小于 2 000 km$^2$、2 000～10 000 km$^2$、大于 10 000 km$^2$ 的子流域利用欧洲模式集合降水预报预测洪水的能力分别为较低、中、高,高海拔地区子流域除外。在非汛期,欧洲模式集合降水预报在小于 2 000 km$^2$ 的子流域没有表现出令人满意的技巧,但在大于 2 000 km$^2$ 的子流域显示出一些合理的技巧。总体而言,在中纬度地区的流域利用欧洲模式集合降水预报预测汛期洪水的能力优于非汛期。

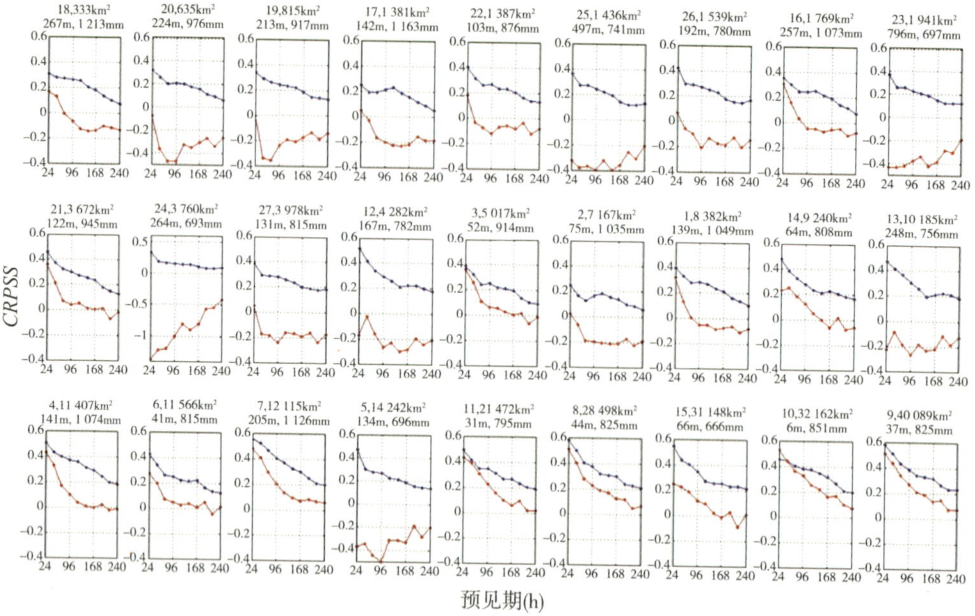

图 4.4 每个子流域汛期(蓝线)和非汛期(红线)不同预见期的平均 *CRPSS*

(2) 不同子流域特性和季节对欧洲模式集合降水预报性能影响分析

利用多元回归函数深入研究欧洲模式集合降水预报对不同特性子流域和季节所表现出来的性能差异,即集合预报性能对子流域特征和季节的依赖性[公式(4.4)]。与上节计算方法相同,使用 24 h 累积降水量计算出 5 个汛期和 5 个非汛期各子流域的平均 *CRPSS*。

在上节讨论的第 5、12、13、23、24 和 25 片子流域,由于其异常的 *CRPSS* 性能表现,在分析多元回归函数时剔除了这 6 个子流域。此外,第 7 片子流域的南侧大部分区域海拔高,但北侧却相当平坦,海拔差异大,可能会影响统计结果,也不参与回归统计。剔除这 7 个子流域后,基于其余 20 个子流域得到的汛期回归函数列于表 4.2。

表 4.2 汛期和非汛期不同预见期的 *CRPSS* 多元回归方程的截距、系数和确定性系数($R^2$)

| 时间 | $a$ | $b_1$ | $b_2$ | $b_3$ | $R^2$ |
|---|---|---|---|---|---|
| 汛期,第 1 天 | 0.636 | 0.161 | −0.034 | −0.348 | 0.756 |
| 汛期,第 2 天 | 0.400 | 0.212 | −0.009 | −0.159 | 0.740 |
| 汛期,第 3 天 | 0.342 | 0.192 | 0.046 | −0.154 | 0.720 |

续表

| 时间 | $a$ | $b_1$ | $b_2$ | $b_3$ | $R^2$ |
|---|---|---|---|---|---|
| 汛期，第 4 天 | 0.285 | 0.152 | 0.012 | −0.066 | 0.719 |
| 汛期，第 5 天 | 0.164 | 0.140 | 0.020 | 0.067 | 0.655 |
| 汛期，第 6 天 | 0.209 | 0.124 | −0.002 | −0.011 | 0.682 |
| 汛期，第 7 天 | 0.201 | 0.130 | −0.046 | −0.013 | 0.819 |
| 汛期，第 8 天 | 0.218 | 0.111 | −0.034 | −0.088 | 0.818 |
| 汛期，第 9 天 | 0.237 | 0.102 | −0.007 | −0.150 | 0.823 |
| 汛期，第 10 天 | 0.319 | 0.090 | −0.002 | −0.278 | 0.834 |
| 非汛期，第 1 天 | −0.116 | 0.354 | −0.481 | 0.488 | 0.714 |
| 非汛期，第 2 天 | −0.301 | 0.489 | −0.450 | 0.514 | 0.684 |
| 非汛期，第 3 天 | −0.159 | 0.464 | −0.366 | 0.184 | 0.693 |
| 非汛期，第 4 天 | −0.197 | 0.430 | −0.363 | 0.190 | 0.741 |
| 非汛期，第 5 天 | −0.020 | 0.306 | −0.299 | −0.026 | 0.756 |
| 非汛期，第 6 天 | −0.081 | 0.273 | −0.358 | 0.053 | 0.763 |
| 非汛期，第 7 天 | −0.163 | 0.250 | −0.273 | 0.124 | 0.729 |
| 非汛期，第 8 天 | −0.044 | 0.214 | −0.233 | 0.008 | 0.735 |
| 非汛期，第 9 天 | −0.256 | 0.238 | −0.180 | 0.175 | 0.687 |
| 非汛期，第 10 天 | −0.047 | 0.179 | −0.141 | −0.051 | 0.685 |

汛期，所有 10 个预见期的确定性系数 $R^2$ 不低于 0.655（最低值出现在第 5 天），这表明，回归拟合结果至少占到原始预报变量 65.5%的比例，回归拟合的结果较好。拟合的汛期第 2 天（预见期 48 h）*CRPSS* 与原始 *CRPSS* 进行比较的结果如图 4.5 所示，汛期，10 天预见期 *CS* 的系数（$b_1$）都是正值，这意味着 *CRPSS* 随 *CS* 的增加而增加。*ME* 的系数（$b_2$）大多是负值（第 3～5 天预见期除外）和接近 0，这意味着 *ME* 相对于 *CS* 和 *MAP* 在汛期对 *CRPSS* 的影响相对较小。大多数情况下，子流域海拔越高，*CRPSS* 越低。*MAP* 的系数（$b_3$）的绝对值在第 4 天前显示出下降趋势，然后从第 6 天至第 10 天呈增加趋势。除第 5 天 *CRPSS* 和 *MAP* 呈正相关外，其他 9 天均为负相关，表明对于年平均降水量较大的子流域往往集合预报性能（*CRPSS*）较低，集合预报的性能对于降水量多的子流域较差。*CRPSS* 和 *MAP* 的负相关程度，从第 1 天到第 4 天逐渐减小，然后从第 6 天到第 10 天又逐渐增大。这表明，降水量对 *CRPSS* 的影响在第 1 天

占主导地位，从第 2 天开始持续下降。降水量对 *CRPSS* 的影响在前 4 天被子流域面积 *CS* 对 *CRPSS* 的影响所取代，之后降水量对 *CRPSS* 的影响再度增大，最终代替了 *CS* 的影响。

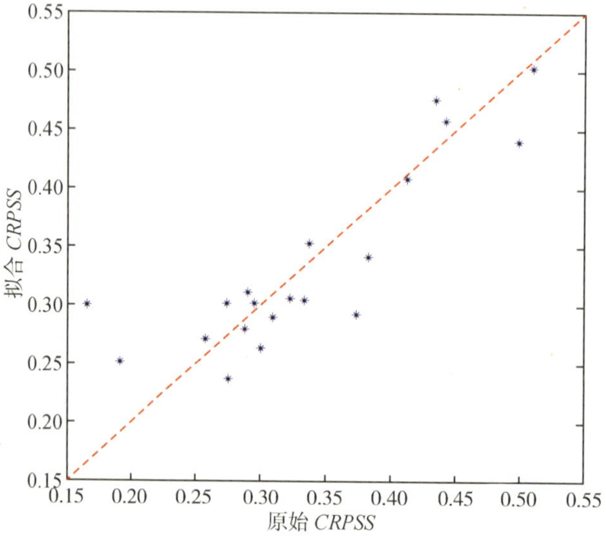


**图 4.5　*CRPSS* 原始数值和利用多元回归函数拟合值对比图**

非汛期，所有 10 个预见期的确定性系数 $R^2$ 普遍低于汛期的 $R^2$。所有 10 个预见期的系数 $b_1$ 都是正值，表明了预报性能（技巧）随子流域面积的增加而提高。系数 $b_2$ 始终是负值，且绝对值比汛期的大，这意味着非汛期可能发生较多的地形降水，预报技巧受到子流域平均海拔的影响。除第 5 天和第 10 天外，系数 $b_3$ 大多是正值，没有显示出在汛期表现出来的任何增加或减少的趋势，表明集合预报对年平均降水量较大的子流域往往预报性能较好，这可能是由于对非汛期降水量较多的子流域比降水量较少的子流域预报是否发生降水和降水量级要相对容易些。

（3）预见期和预报时段长度对欧洲模式集合降水预报性能影响分析

对于 3 h、6 h、12 h、24 h、48 h 以及所有预见期，采用 *CRPS*、*RCRPS* 和 *CRPSS* 三种评分方法评估集合预报的性能，分析集合预报性能是否依赖于预报时段长度（预报累积时间长度）和预见期长度。然后，分别求取 5 个汛期和 5 个非汛期的各评分方法所得评分的平均值。图 4.6 给出了 3 个选定的子流域 5 个汛期和 5 个非汛期的三种评分方法的评分分数。这 3 个子流域分别是第 16、14 和 10 片子流域。3 个子流域随机选自图 4.4 中三行其中一列，用以代表三个面积类别。图 4.6 左、中和右列分别为 *CRPS*、*RCRPS* 和 *CRPSS* 平均值随预见期的变化。从上到下的行分别对应的是时间间隔 3 h、6 h、12 h、24 h、48 h。由于欧洲模式集合降水预报 0～96 h 预见期内的时间间隔为 3 h，第一行终止于 96 h。

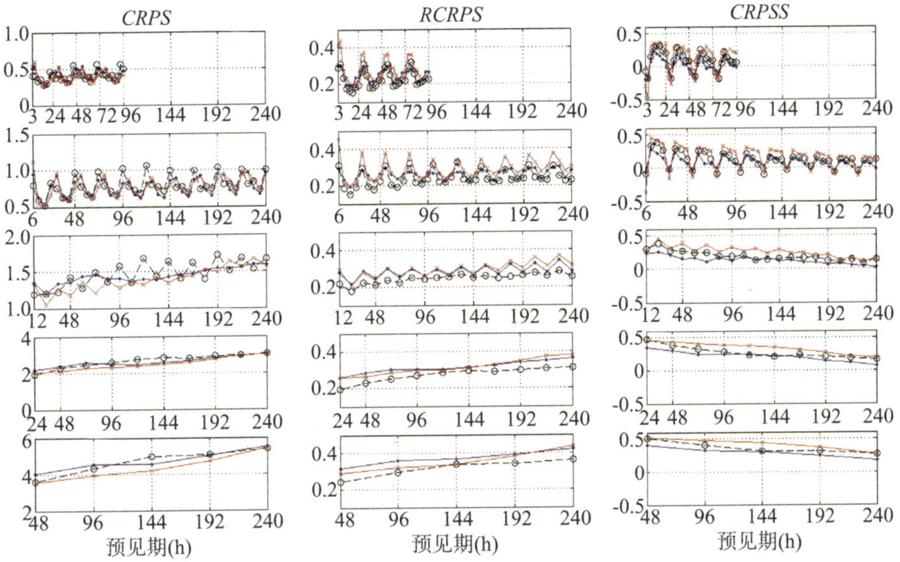


(a) 5 个汛期平均值

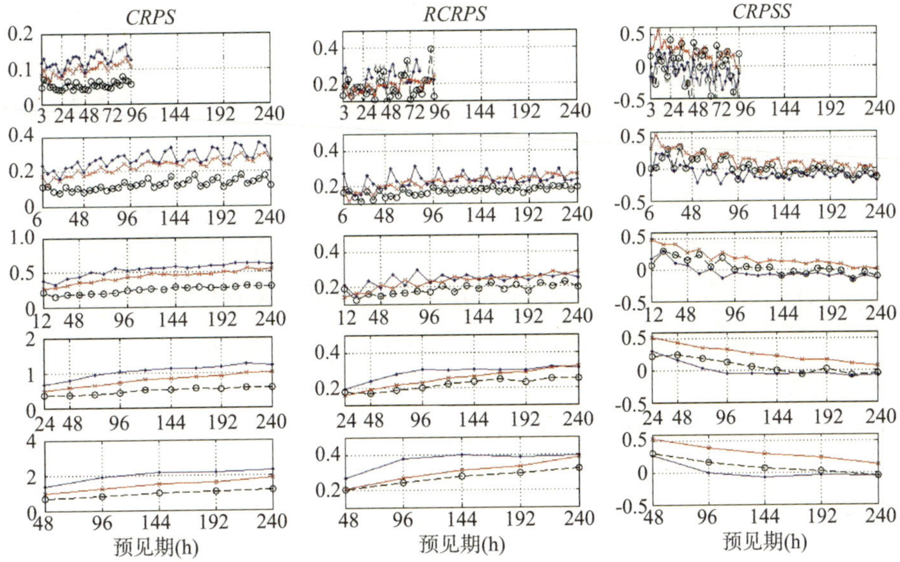


(b) 5 个非汛期平均值

**图 4.6　第 16(蓝色线)、第 14(黑线标有圆圈)和第 10(红色线星字标记)片子流域的三个评分方法分数的平均值**

对 5 个不同的预报时段长度，集合预报性能总体上是随预见期增大而降低的，但 3 h、6 h、12 h 预报时段长度呈现出非常明显的波动状态，且每天有一个周期循环，每半天有一个波动拐点，因此这种循环被称为昼夜循环。这种特殊的昼夜周期将在下节做进一步讨论。

从图 4.6 中的 *CRPS* 可以观察到，随着时间间隔从 3 h 增加到 48 h，*CRPS* 值从 0.5 左右增至 5，表明预报性能显著下降。由于本研究中的降水预报变量在不同地区、不同季节、不同预报时段长度可能有不同的量级，考虑到 *CRPS* 可比性差，如果要比较不同地区、不同季节或不同预报时段长度的结果，就需要使用 *RCRPS* 或 *CRPSS*。*RCRPS* 正是一个与预报变量量级无关的标准化评价指标。*CRPSS* 不仅消除了预报变量量级影响，而且可与相关气候预报进行比较。因此，下文将利用 *RCRPS* 和 *CRPSS* 对集合预报性能进行比较。*RCRPS* 和 *CRPSS* 都显示出随日内时间尺度的周期性波动。集合预报性能评分从 3 h、6 h、12 h 到 24 h，随预报时段长度增加有明显改善，而 24 h 至 48 h 预报性能的改善已非常微小。虽然超过 24h 的预报时段长度的改善效果变小，但预报性能随预报时段长度增大而改善的趋势是存在的。对于 *CRPSS*，第 10 片子流域显示出了最佳性能，其次是第 14 片子流域，最差的是第 16 片子流域。这也反映出了已在上文讨论过的 *CRPSS* 和子流域面积大小之间的关系。图 4.6(b)给出了非汛期的集合预报性能平均评分，日内时间尺度的集合预报性能表现模式也与汛期相似，但子流域与子流域之间波动相位有所不同。

(4) 日内时间尺度的集合预报性能分析

为了详细研究分析集合预报性能昼夜周期性变化，分别计算了 27 个子流域 5 个汛期和 5 个非汛期的 5 种不同预报时段长度 *CRPS* 平均值，如图 4.7 所示。

欧洲模式降水预报数据在 0～96 h 预见期内，预报时段长度为 3 h，这就是图 4.7(a)的线段在 96 h 内结束，而在其他 4 个预报时段长度，线段直至 240 h 全部预见期的原因。在汛期，图 4.7(a)中所有 27 个子流域的 *CRPS* 平均值随预见期的增加相对稳定地增加。换句话说，除了在日内时间尺度的预见期以内，集合预报性能是随预见期增大而不断下降的。对于 3 h 的预报时段长度，大部分子流域的 *CRPS* 平均值从 0300 时(UTC)下降，到 1500 时(UTC)左右达到最小值(各子流域有±3 h 变化范围，以下简称±3 h)，然后上升，在大约次日 0300 时(UTC)[某些子流域在 2100 时(UTC)至 2400 时(UTC)表现出微小下降]上升到日最大值。换句话说，*CRPS* 的第一个日内循环周期性变化是从 0300 时(UTC)到 1500 时(UTC)(±3 h)下降，持续约 12 h，第二个变化是从 1500 时

(UTC)(±3 h)到次日 0300 时(UTC)上升，持续 12 h。*CRPS* 变化对应到北京时间是：11：00—23：00 下降，23：00—次日 11：00 上升。每日 *CRPS* 最小值大约发生在北京时间 23：00，即集合预报性能从北京时间 11：00 到 23：00 提高，然后在未来的 12 h 内下降。对于非汛期，昼夜性能变化没有汛期那么明显。6 h 预报时段长度的 *CRPS* 平均值如同 3 h 预报时段长度的 *CRPS* 平均值，在非汛期似乎随机波动并伴有非常缓慢的上升趋势，而在汛期则具有明显的下降和上升昼夜周期变化[图 4.7(b)]。在非汛期，所有子流域的周期变化较弱，并且变化不一致。12 h 预报时段长度的 *CRPS* 平均值显示出不同于 3 h 和 6 h 的昼夜周期变化[图 4.7(c)]，日内时间尺度循环从 1200 时(UTC)开始下降，2400 时(UTC)为最小值，之后开始上升，到次日 1200 时(UTC)结束。虽然大多数子流域表现出这种周期变化，但仍有一些子流域表现出相反的周期变化。这可能是由于预报降水量是每 12 h(如 UTC 0000～1200 时，1200～2400 时等)的累积量，昼夜周期性受到实际降水变化的干扰。此外，这种昼夜周期性也随子流域位置不同而有所不同。图 4.7(d)表明，无论是汛期还是非汛期，27 个子流域 *CRPS* 平均值均呈上升趋势，3 天(72 h)预见期内急剧恶化。从 72 h 到 240 h，增加的速度略有下降，尤其是在 144 h(6 天)后，变化更缓慢；图 4.7(e)中，*CRPS* 平均值在 96 h 发生转折。由于降水值是48 h累积量，捕捉到如图 4.7(d)中相同的转折点是不可能的。

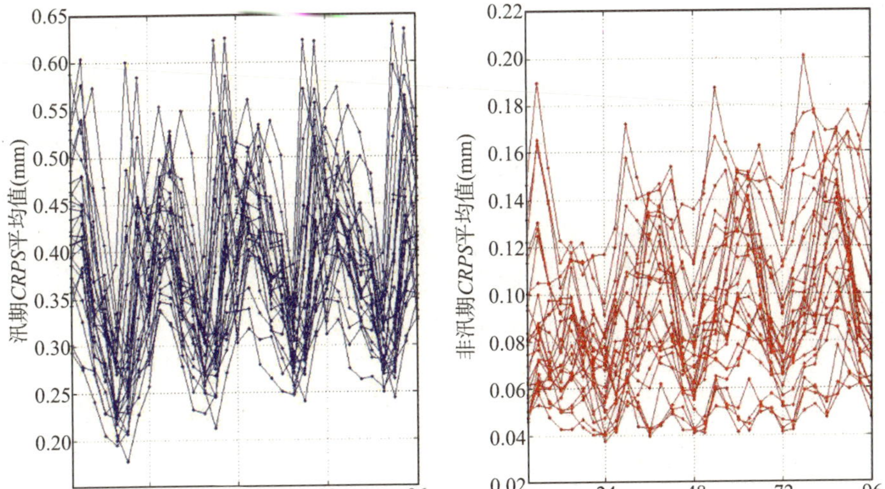


(a) 3 h

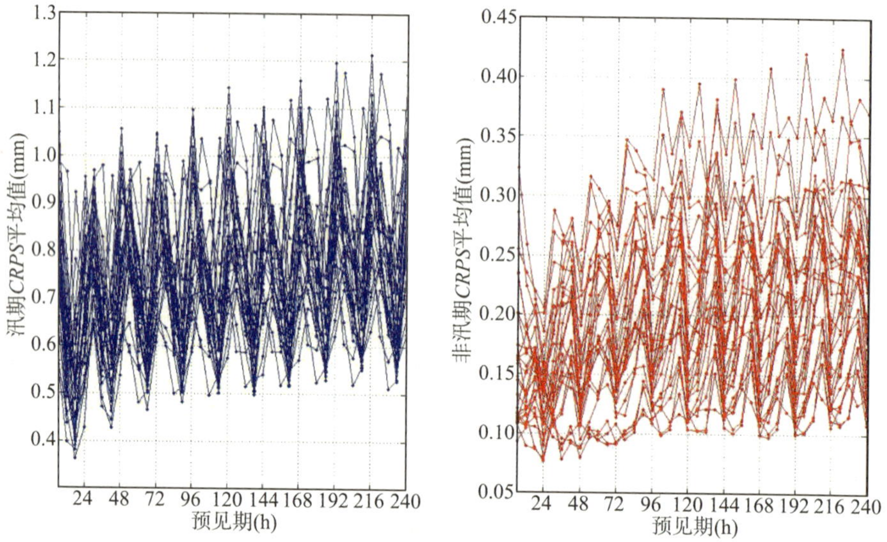
汛期CRPS平均值(mm)
预见期(h)
非汛期CRPS平均值(mm)
预见期(h)

(b) 6 h

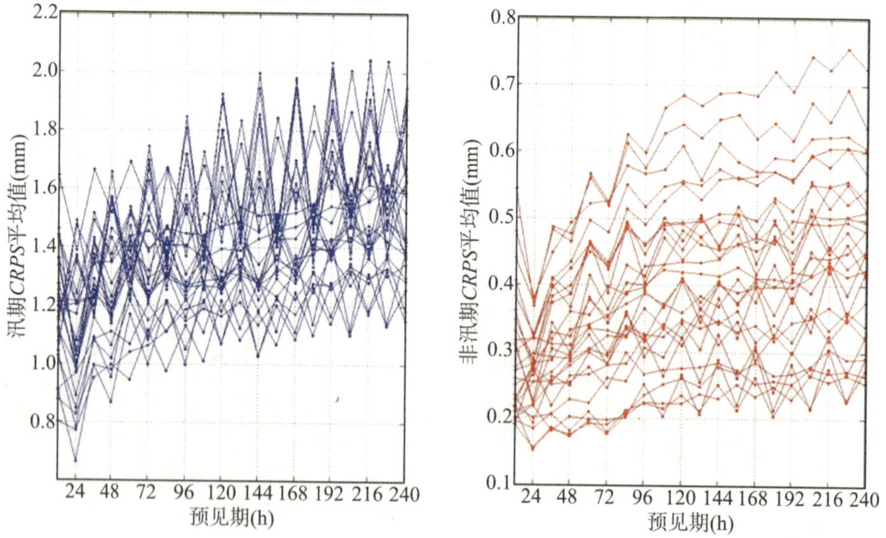
汛期CRPS平均值(mm)
预见期(h)
非汛期CRPS平均值(mm)
预见期(h)

(c) 12 h

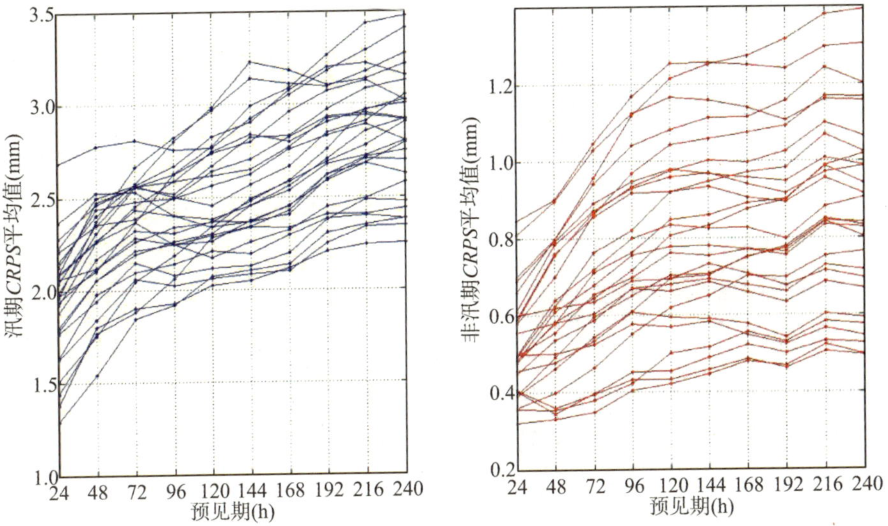


(d) 24 h

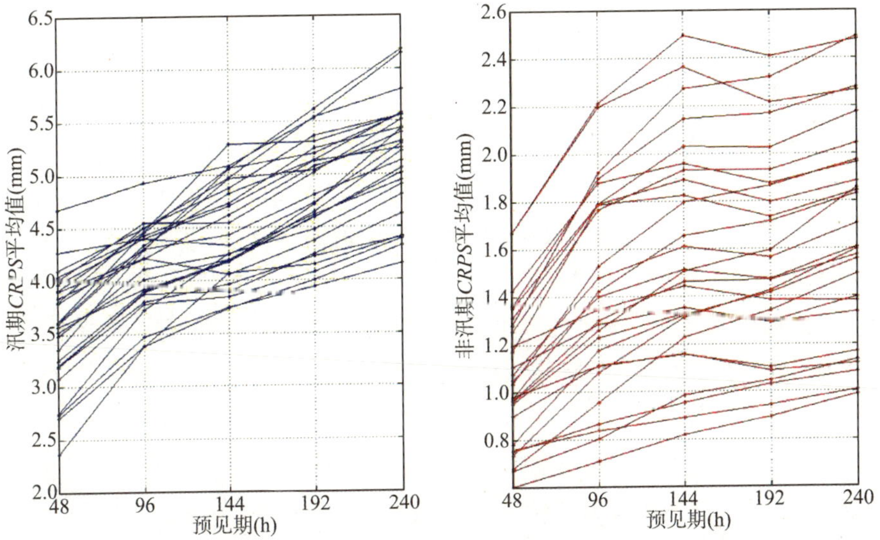


(e) 48 h

**图 4.7　27 个子流域 5 个汛期(左图)和 5 个非汛期(右图)的 *CRPS* 平均值**

Yu 等[33]研究了我国中东部区域(105～120°E,26～36°N) 5—9 月观测降水量的昼夜周期变化。淮河流域位于上述区域的东北部。他们的研究结果表明,太阳辐射加热的日变化影响地球表面低层大气稳定度,因此在傍晚前后出现1～3 h 强降水事件。这一区域持续时间超过 6 h 的降水事件(超过总降水量的60%)占主导地位,这些降水事件往往在每天清晨达到峰值。出现这个峰值的原因比午后出现峰值的原因要复杂得多。Nesbitt 等[34]的研究也表明,夜间降水往往是由中尺度对流系统(Mesoscale Convective System, MCS)造成的,而不是孤立的对流系统,而且 MCS 在午夜后达到最强。夏季梅雨锋强降水主要由覆盖在层状云之上的有组织的 MCS 所导致,汛期表现出的预报性能的昼夜周期变化可以显示欧洲模式的 EPS 对捕获 MCS 能力不足,因此也就无法捕捉到出现在清晨的峰值。尽管 NWP 捕捉降水预报昼夜周期变化的能力不能被忽视,但有关检验 NWP 降水预报昼夜周期变化的文献较少。Kaufmann 等[35]使用逐小时降水量观测数据检验分析了 MeteoSwiss 中尺度数值天气预报模式性能的昼夜周期变化。结果表明,模型在没有昼夜强迫变化的冬季的预报性能表现良好,但不能再现夏季的昼夜交替变化。这个数值天气预报模式的对流开始时间太早,而且持续时间很短,对总降水量有所高估。Guichard 等[36]使用七个单柱模式(Single-Column Models, SCMs)和三个云可分辨模式(Cloud-Resolving Models, CRMs)来研究陆地上空深厚对流性降水日变化。研究表明,由于原始触发机制的原因,导致大多数 SCMs 中的对流发生太早。在 CRMs 中,正午之前云就已出现,但地面降水却延迟了几个小时。

将预报降水量和实测降水量从 3 h 到 24 h 以 3 h 时间间隔进行累加,用以研究日内时间尺度的降水变化。图 4.8 给出了 27 个子流域每个季节的观测总降水量及预报总降水量。日降水量预报的集合平均值是将 51 个预报成员前 8 个预报时段(第 1 天)先进行累加,再计算平均值而得到的,图中黑色粗虚线是 27 个子流域日降水量预报序列的平均值。在非汛期,雨量观测值和预报值有两个主要区别:① 27 个子流域的降水量观测值的发散度比预报值的发散度大;② 集合预报获得的累积降水量预报值比观测累积降水量大。在汛期,除了日降水量预报值发散度较小外,主要的不同在于日内时间尺度的降水量的动态变化。代表降水量观测值的黑色粗虚线是相当线性的,而代表降水量预报值的蓝色细实线在每天 9 h 表现出明显的转折点。这个转折点不能直接解释汛期 *CRPS* 值的昼夜周期变化,但它能表明欧洲模式的 EPS 不能很好地预报日内时间尺度降水量动态变化。

淮河流域属于中纬度地区,具有相当大的面积(约 270 000 $km^2$),且具有不同的地理和气候特征。将全流域细分为子流域分别进行降水预报性能评估,而不是对全流域进行集总式评估,这样不仅考虑到不同子流域的地理和气候特征,还考虑到了降水与水文径流过程的相关性。这种方法能精细评估集合降水预报对水文预报(洪水预报)的潜在实用价值。

对于观测降水量,将 CMORPH 融合降水数据集与雨量计观测数据进行交

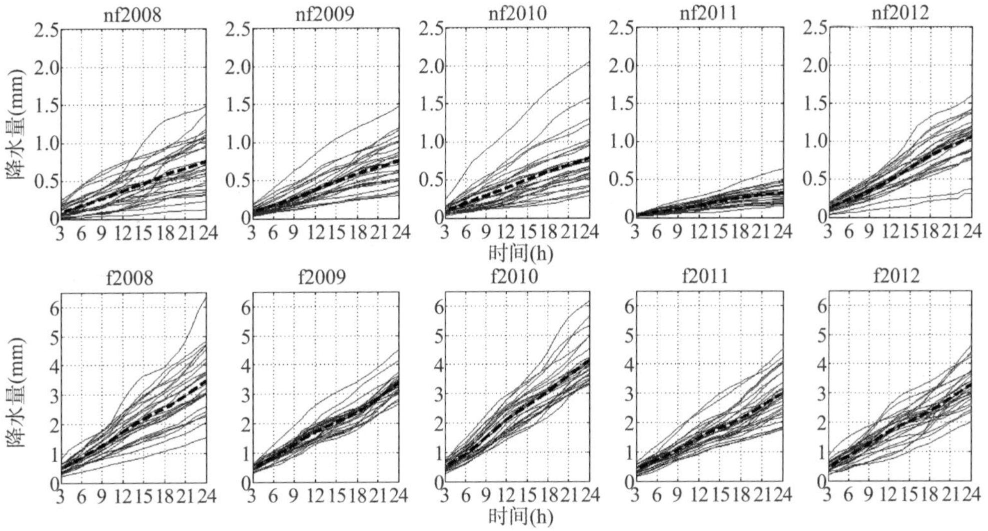


(a) 观测总降水量

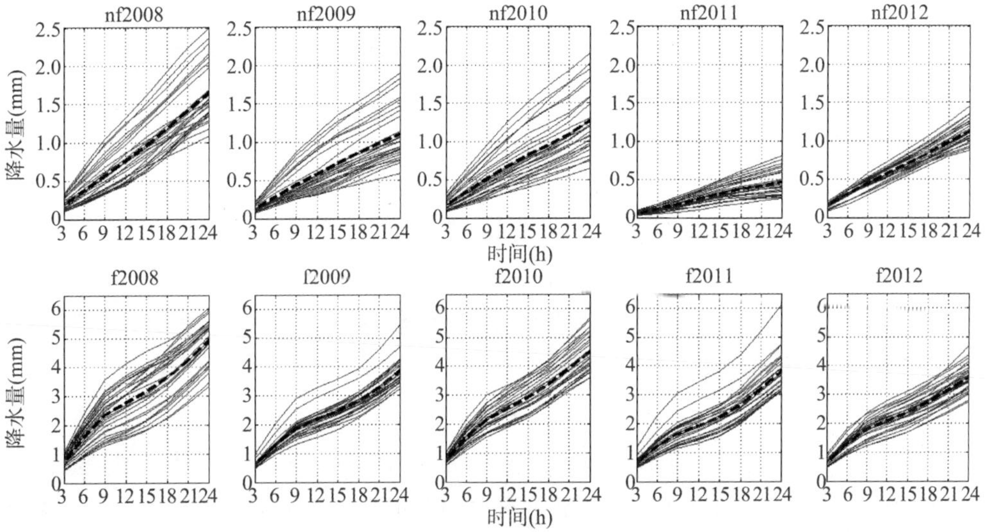


(b) 预报总降水量

**图 4.8 27 个子流域每个时间点的观测和预报总降水量**

注：nf 表示非汛期，f 表示汛期；nf2008 表示 2008 年非汛期，f2008 表示 2008 年汛期。

叉检验，发现 CMORPH 融合降水数据集具有良好的数据质量。这个数据集使得人们可以在第一时间对降水预报做日内时间尺度的详细预报性能评估。此数据集的时间序列长度为 5 年，可以用来做长期和连续的评估，而不是只评估一个预报案例。对于真正理解一个预报系统的性能而言，这种联系性的性能评估尤为重要。CMORPH 融合降水产品存在系统性低估，特别是对强降水的评估偏低,这种偏差应该针对不同月份、不同季节和不同区域进行校正,以便得到一个更可信的预报性能评价结果。因为日内时间尺度的降水预报对山洪暴发预报具有指导意义[37-38],所以这个数据集对于EPS的日内时间尺度的性能评估特别有价值。

研究发现,集合降水预报性能随子流域特性、预报时段长度以及预见期而变化。同时,汛期和非汛期的集合降水预报性能也不同。只有理解了预报参数,如预见期、预报时段长度等,才能有效地评估预报性能;而且,考虑到所研究流域的水文地理属性,如流域海拔、汛期时间等,预报性能评估的重要性才能体现出来。

淮河流域之所以用来作为研究流域,是因为它是世界上不同类型江河流域的代表,因此研究结论具有一定的普遍意义。可以说,欧洲模式的EPS对于洪水预报,特别是面积大的流域,总体上是有预报技巧的。世界其他区域,甚至于全球尺度的集合预报值得进一步研究,尤其是对集合预报后处理方法、自然降水模态以及汛期雨强进行更细致的研究[21, 39]。由于全球范围内集合降水预报越来越被广泛应用于洪水预报,研究集合降水预报对于其业务的应用变得越来越重要。从水文相关角度来看,本研究所做的集合降水预报的性能评估对于全面理解集合降水预报性能是必不可少的。

## 4.4 欧洲模式集合降水预报驱动洪水预报模型的应用研究

利用TIGGE数据集中的欧洲模式集合降水预报产品驱动洪水预报模型,从而进行洪水模拟预报试验。选择淮河蒋家集以上流域作为试验流域,所采用的TIGGE数据集中的欧洲模式有50个集合预报成员,降水预报的预见期为0～240 h。并与仅采用地面降水观测资料的模拟结果进行对比分析,探讨欧洲模式集合降水预报产品在淮河流域洪水预报与预警中的实际应用效果。

### 4.4.1 试验流域概况与分块

史灌河发源于大别山,上游为深山区,下游为平原丘陵区,地势低洼,流域农作物以水稻为主。史灌河自南向北汇入淮河,史灌河在蒋家集以上分为灌河和史河。流域降水时空分布不均,暴雨时山洪骤发,洪涝灾害频发。灌河上游建有鲇鱼山水库,控制流域面积为924 km$^2$。史河上游建有梅山水库,控制流域面积为1 970 km$^2$。蒋家集站为史河、灌河汇合后的控制站,扣除上述两个水库集水面积后,蒋家集以上流域面积约为3 036 km$^2$。

本研究将淮河蒋家集以上流域根据流域内水文站布设和自然流域边界，在ArcGIS中利用泰森多边形分块法划分为8个子流域，蒋家集站为流域出口断面。因为所用欧洲模式50个集合预报成员的降水资料精度为10 km×10 km，所以将流域划分为10 km×10 km的栅格单元。流域分块图如图4.9所示。

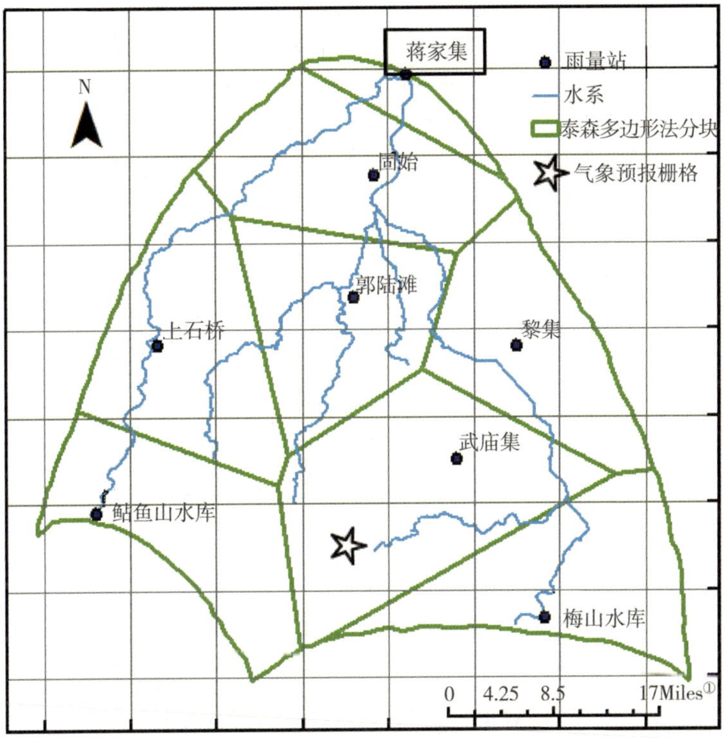


**图4.9　蒋家集以上流域分块图**

## 4.4.2　模型选择与参数率定

流域水文模型有多种，由河海大学研制的新安江模型[40]在湿润和半湿润的地区得到了广泛的应用。本研究所涉及的蒋家集以上流域，位于淮河以南，史河与灌河在蒋家集汇合后由南向北注入淮河，属于湿润流域，是新安江模型适用的流域。

本研究使用的集合预报降水栅格数据分辨率为10 km×10 km。国内外研究表明，水文模型空间分辨率太大，不能反映流域特性的空间变异性[41]；水文模型空间分辨率太小，因降水观测与预报空间局限性而不能发挥其性能[42]。

① 1 Mile≈1.61 km。

本研究选用新安江模型建立气象水文耦合洪水预报系统，蒋家集以上流域的子流域空间尺度和集合预报数据空间分辨率基本相近。在构建的洪水预报模型中，鲇鱼山水库和梅山水库的出库流量作为模型入流，采用马斯京根法进行河道洪水演算。根据2008—2011年的淮河流域历史洪水资料进行参数率定，并选取2012年两场洪水进行模型检验，时间步长取为1 h。参数率定结果见表4.3。

**表4.3　新安江模型参数表**

| 参数 | 参数意义 | 参数值 | 参数 | 参数意义 | 参数值 |
|---|---|---|---|---|---|
| $K$ | 蒸散发折算系数 | 0.82 | $EX$ | 流域自由水容量分布曲线指数 | 1.5 |
| $B$ | 流域蓄水容量分布曲线指数 | 0.4 | $KG$ | 地下水出流系数 | 0.58 |
| $C$ | 深层蒸散发系数 | 0.2 | $KI$ | 壤中流出流系数 | 0.12 |
| $WM$(mm) | 张力水容量 | 140 | $CG$ | 地下水消退系数 | 0.98 |
| $WUM$(mm) | 上层张力水容量 | 20 | $CI$ | 壤中流消退系数 | 0.59 |
| $WLM$(mm) | 下层张力水容量 | 60 | $X$ | 河道汇流的马斯京根法演算参数 | 0.2 |
| $IM$ | 不透水面积比例 | 0.01 | $CS$ | 河网水流消退系数 | 0.35 |
| $SM$(mm) | 自由水容量 | 35 | $L$(h) | 河网汇流滞时 | 12 |

新安江模型模拟结果见表4.4，根据水文情报预报规范[43]，洪峰、峰现时间全部合格，径流深合格率为85.7%，达甲级预报精度，确定性系数都在0.75以上，达乙级预报精度，模拟效果较好(图4.10～图4.16)。

**表4.4　模型率定检验结果统计表**

| 洪水起始时间 | | 实测径流深(mm) | 预报径流深(mm) | 洪量相对误差(%) | 实测洪峰($m^3/s$) | 预报洪峰($m^3/s$) | 洪峰相对误差(%) | 峰现误差(h) | $DY$ |
|---|---|---|---|---|---|---|---|---|---|
| 率定 | 2008081320 | 93.6 | 106.7 | 14.00 | 920 | 739 | −19.67 | −3 | 0.75 |
| | 2008082820 | 67.1 | 75.8 | 12.97 | 620 | 556 | −10.32 | 2 | 0.84 |
| | 2010071509 | 163.2 | 146.4 | −10.29 | 1 660 | 1 455 | −12.35 | −8 | 0.82 |
| | 2010082415 | 49.4 | 43.1 | −12.75 | 490 | 416 | −15.10 | −3 | 0.78 |
| | 2011081003 | 34.1 | 31.4 | −7.92 | 340 | 356 | 4.71 | 7 | 0.91 |
| 检验 | 2012080905 | 40.6 | 49.1 | 20.94 | 410 | 468 | 14.15 | 3 | 0.75 |
| | 2012090714 | 60.9 | 58.9 | −3.28 | 780 | 878 | 12.56 | 4 | 0.90 |

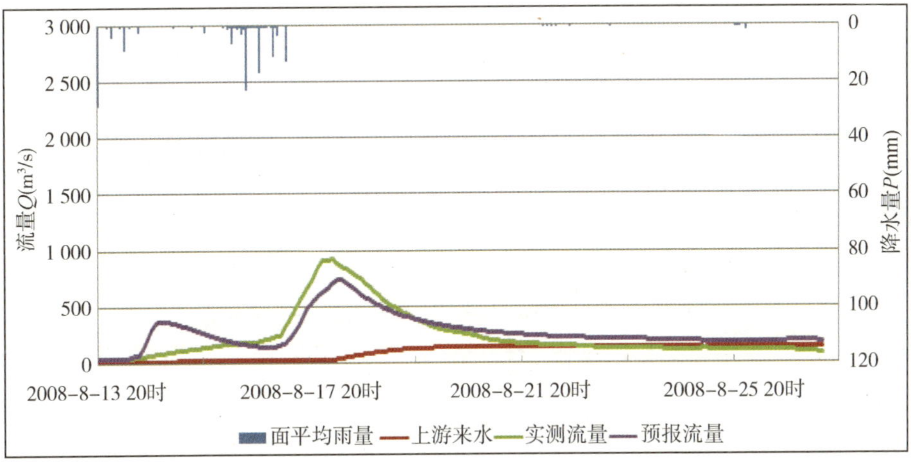


图 4.10　20080813 场洪水过程线模拟结果图

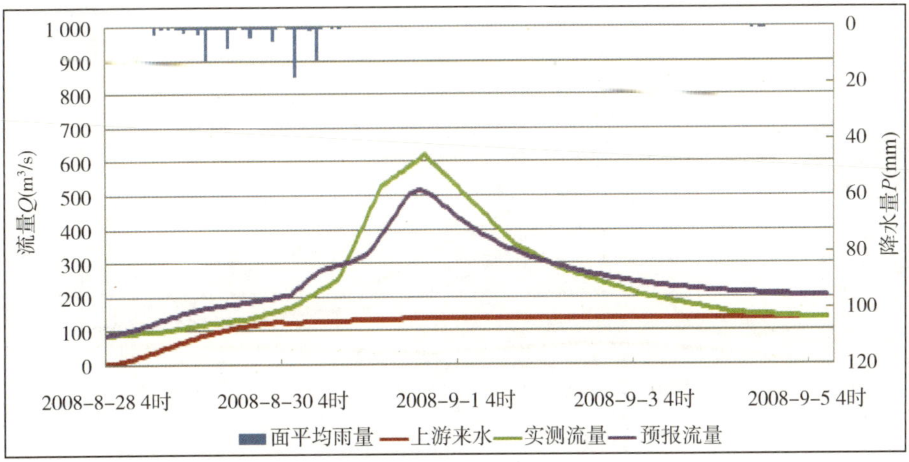


图 4.11　20080828 场洪水过程线模拟结果图

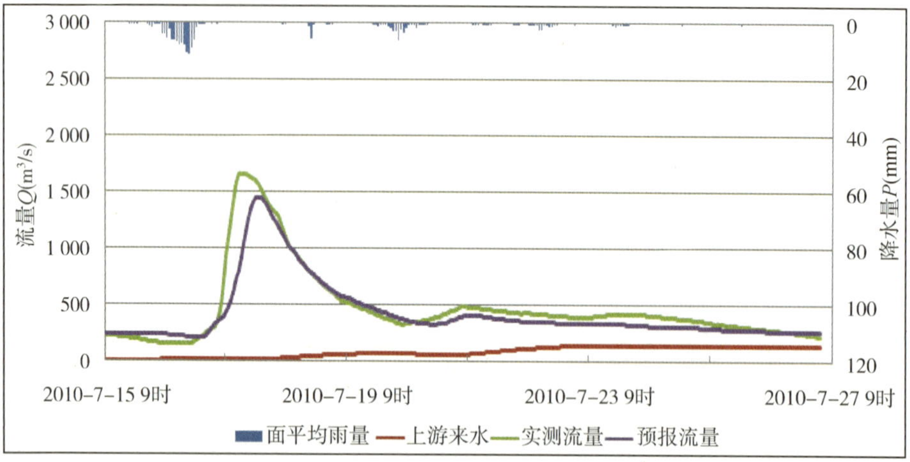


图 4.12　20100715 场洪水过程线模拟结果图

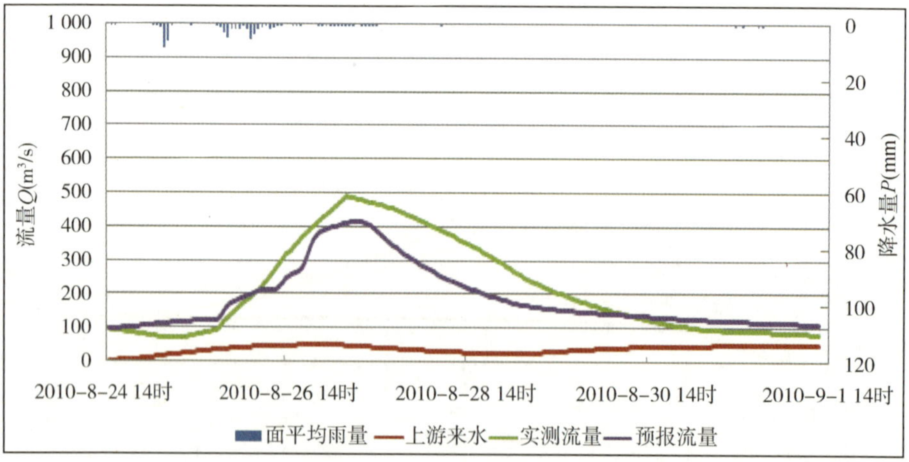


图 4.13　20100824 场洪水过程线模拟结果图

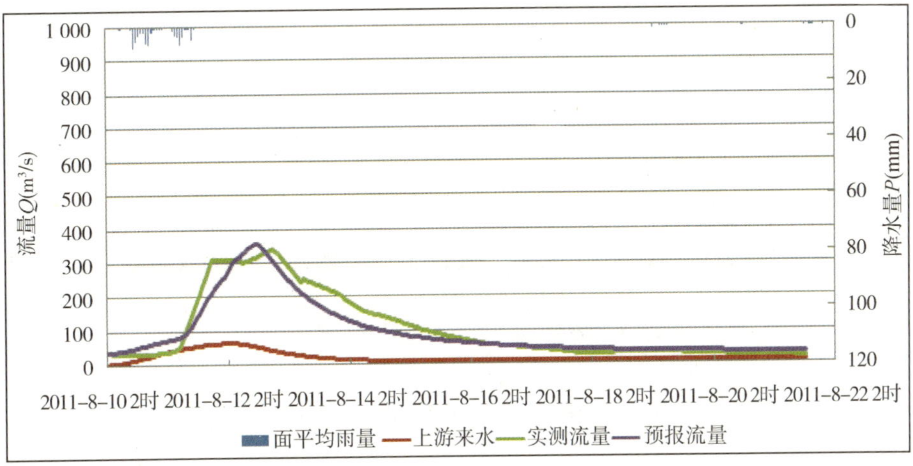


**图 4.14　20110810 场洪水过程线模拟结果图**

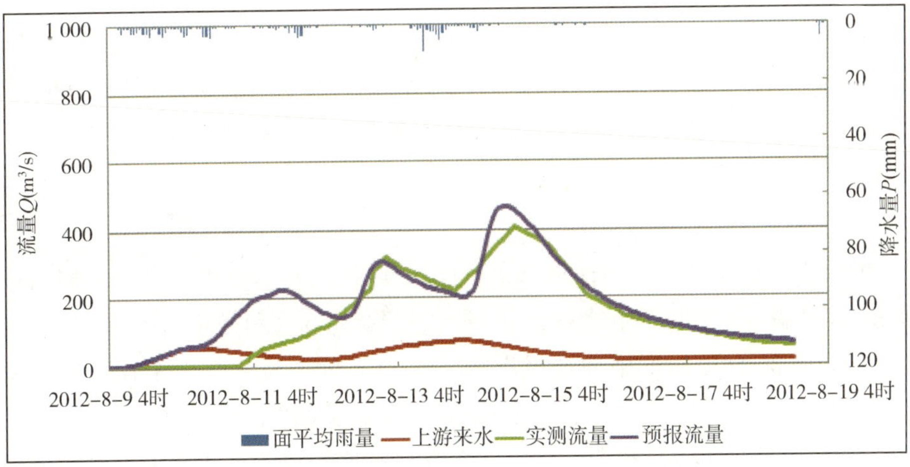


**图 4.15　20120809 场洪水过程线模拟结果图**

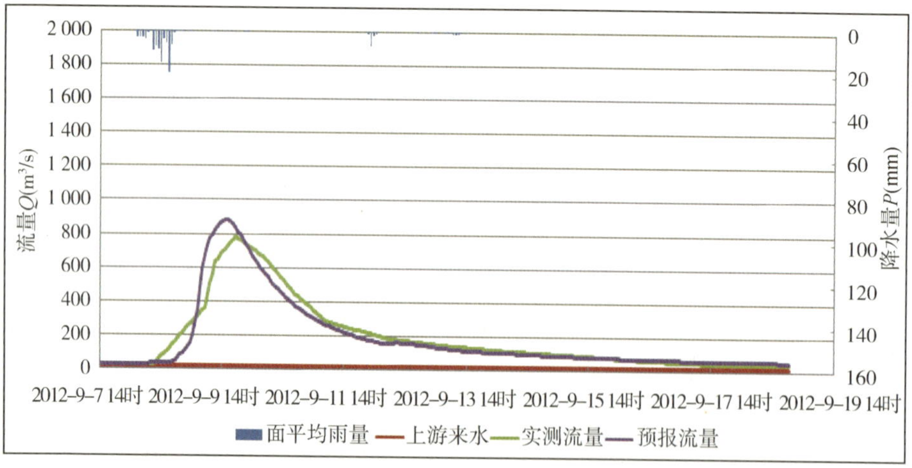


图 4.16　20120907 场洪水过程线模拟结果图

### 4.4.3　集合预报模型模拟结果分析

(1) 集合预报降水分析

基于欧洲模式集合降水预报产品发布的降水数据，得到 50 组分辨率为 10 km×10 km 的雨量栅格数据，其前 96 h 为 3 h 的时段降水，96 h 至 240 h 为 6 h 的时段降水。需要将雨量插值为 1 h 的时段降水，按照图 4.9 中 8 个子流域的分块面积进行面雨量计算，并对累计时段降水进行时间平均内插，形成 1 h 时段间隔的 8 个子流域面雨量降水数据，将其驱动洪水预报模型。图 4.17 为 50 个集合预报成员在 2008 年 8 月 26 日及 28 日 20 时(北京时)发布的未来 10 天的降水。

集合预报降水过程虽然在量级上有所偏差，但对降水过程具有一定的预报效果。8 月 26 日 20 时发布的集合预报降水过程与 28 日趋势相似，但 28 日的预报成员相比 26 日更能准确地预报出 29 日、30 日间的降水。由于预见期的缩短，28 日的降水过程相对而言更加集中，精度有明显提高。

另外，一些预报成员预报 9 月 4 日会出现弱降水，而实际上地面观测数据并没有捕捉到这一降水信号，实测流量过程线也没有明显的涨落。可见，个别集合预报成员的降水预报可能存在一定误差，"单一"的确定性数值天气预报不能反映降水预报的不确定性。与单一确定性预报相比，集合降水预报考虑了大气初始条件和边界条件的不确定性，它不仅可以刻画降水的概率，还可以提供更多的降水信息，为洪水概率预报提供了新的思路。

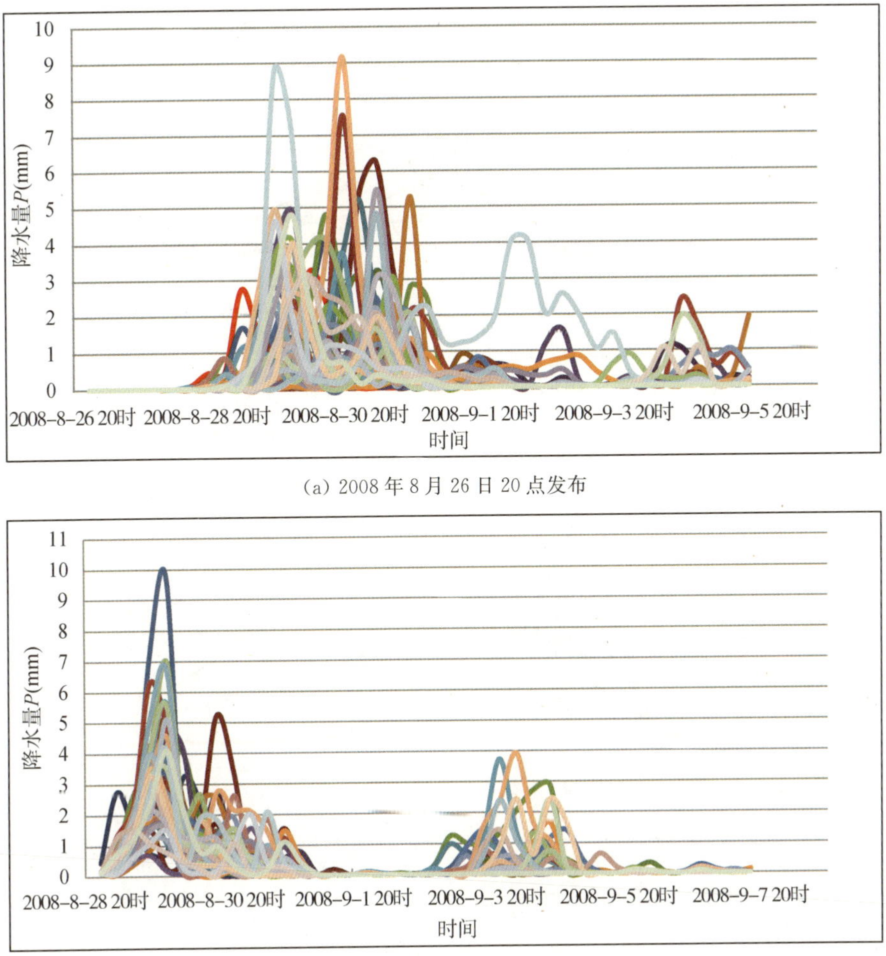


**图 4.17　集合预报未来 10 天 50 条降水过程线**

(2) 过程线分析

本研究采用欧洲模式集合降水预报驱动洪水预报模型，欧洲模式的 50 个集合预报成员中的每个成员对应一个洪水预报过程，即 50 个降水预报成员分别对应了 50 个洪水预报成员。以淮河 20080828 场洪水过程为例，进行淮河蒋家集流域的洪水集合预报应用检验及其不确定性研究。

2008 年 8 月 26 日、28 日、29 日欧洲模式集合预报降水量对应的蒋家集站的流量预报过程如图 4.18 所示。

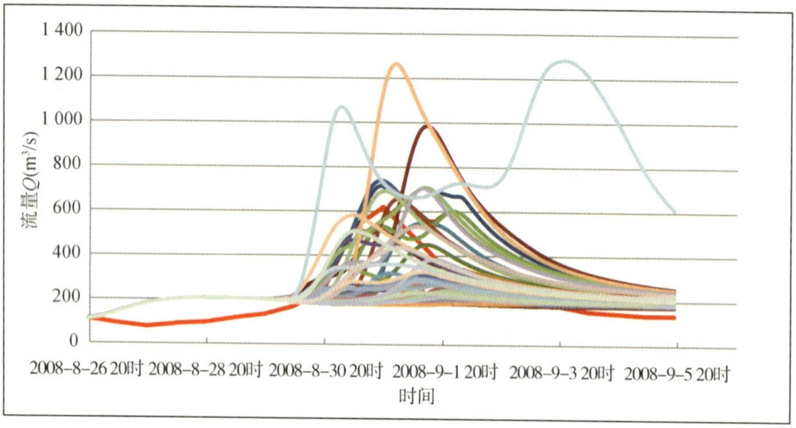


(a) 8 月 26 日发布的集合洪水预报

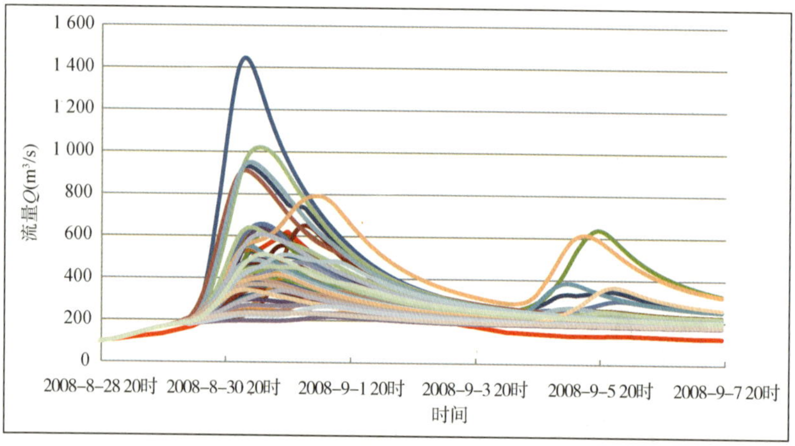


(b) 8 月 28 日发布的集合洪水预报

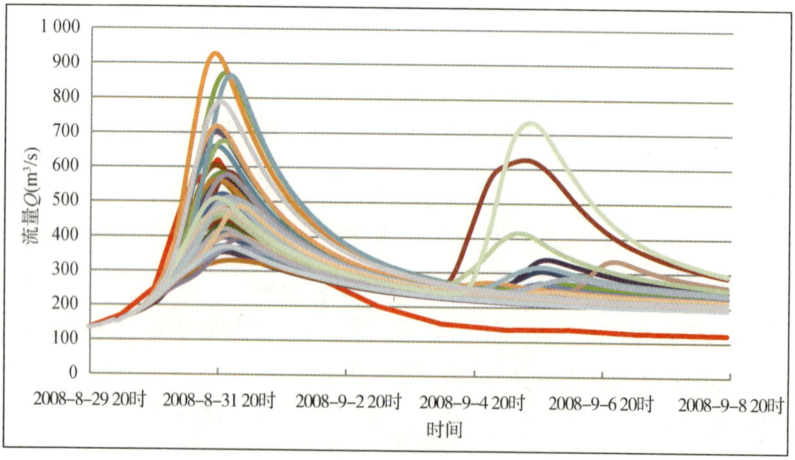


(c) 8 月 29 日发布的集合洪水预报

**图 4.18　集合预报驱动的 50 条流量过程线**

从图 4.18 中可以看出，欧洲模式集合预报成员在 2008 年 8 月 26 日 20 时发布的预报中已经探测到洪峰的微弱信号，从 28 号 20 时开始，对洪峰的跟踪信号已经具备了一定的精度，29 号 20 时集合预报成员显示出了相当一致的较密集的洪峰信号。从长预见期预报到较短期预报演进情况看，26 日至 29 日各预报成员呈现出一致性的不断改进，表明了集合预报的可行性。集合预报流量过程与蒋家集站的实测流量过程比较一致，降水预报越临近，流域过程预报越接近实测流量过程，即短降水预见期对应于高精度的洪水集合预报。

(3) 集合预报模型不确定性分析

本研究将集合洪水预报过程(50%中位线、75%过程线)和采用地面降水观测资料的模拟过程，选择 90%置信区间与实测流量过程进行对比，分析流量预报过程的不确定性及集合预报系统的实际应用效果。

由图 4.19 可以看出，集合预报模拟的 75%过程线基本接近实测流量过程，可作为该流域确定性预报过程线参考值。实测流量过程基本处于集合预报流量过程的 90%置信区间内。集合预报系统对于洪峰流量的模拟预报性能更佳，只有少量的低流量过程超出了 90%置信区间。洪水预报的不确定性随流量大小而变化，高(低)流量过程模拟预报的不确定性较大(小)。在考虑降水预报不确定性的基础上，本研究所构建的耦合洪水预报系统可以描述或刻画洪水预报结果的不确定性。

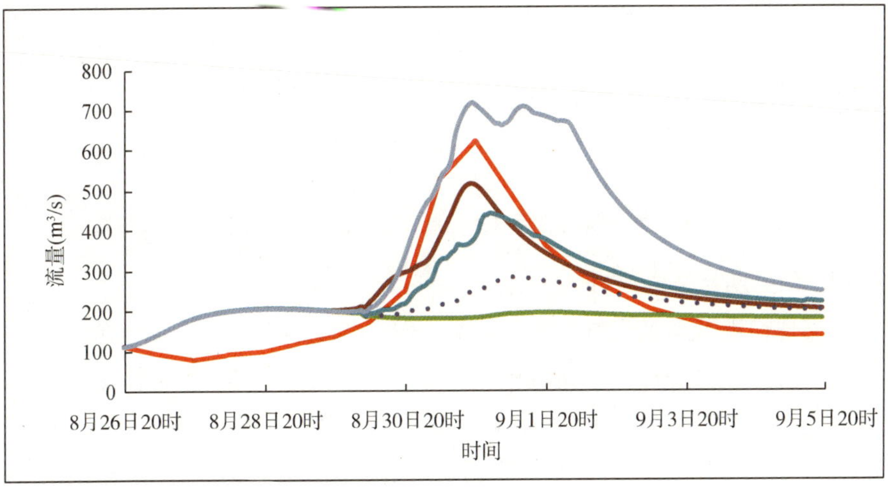


(a) 8 月 26 日集合洪水预报

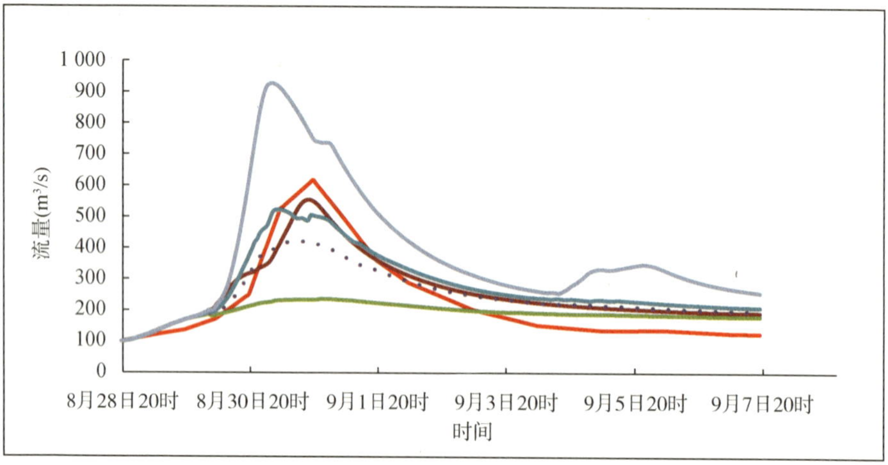


（b）8 月 28 日集合洪水预报

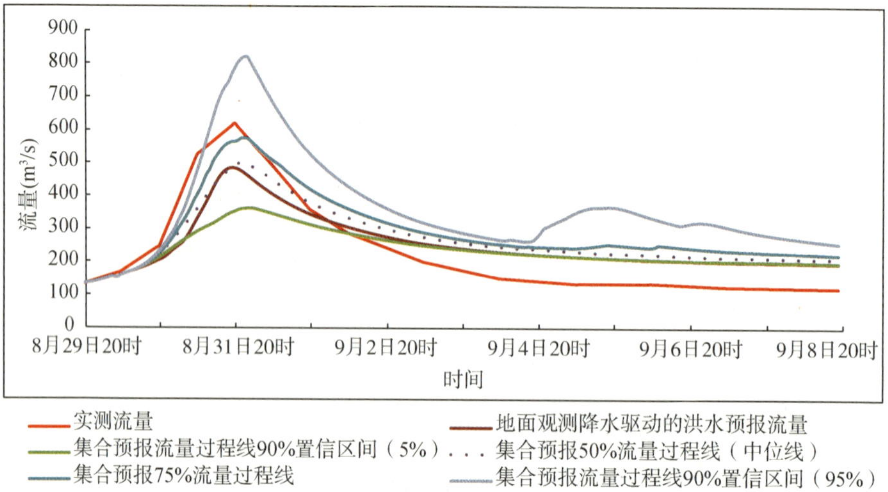


（c）8 月 29 日集合洪水预报

**图 4.19　基于集合预报的蒋家集流域 2008 年 8 月 28 日洪水预报结果**

（4）预见期与精度分析

根据地面观测降水资料的洪水预报，其预见期是指降水汇集到流域出口的平均汇流时间，一般依据降水形心到洪峰的时间间隔即可确定，延长洪水预见期的有效途径之一是采用降水预报。降水预报准确率随预见期缩短（延长）而升高（降低），采用欧洲模式集合降水预报驱动洪水预报模型，短预见期降水预报必然对应于较高精度的洪水预报，反之亦然。因此，在一定精度许可范围内，降水预报使得洪水预见期的延长成为可能。

对于一个特定的流域，流域平均汇流时间基本决定了其固有的洪水预见期。

当上游水库放水不大且暴雨中心集中在区间流域时，区间集中降水结束到下游预报断面洪峰出现的时间间隔即为洪水预见期。若不考虑预见期内的降水预报而仅考虑落地雨，预见期内的流域出口断面的流量过程预报可信度高，但超出预见期的洪水预报可信度必然降低，利用天气预报的预见期理论上可以延长洪水预见期并提高洪水预报精度。对比不同起报时间的洪峰流量（表 4.5）可以看出，预见期越短，集合预报的精度越高。本场洪水洪峰发生在 8 月 31 日 20 时，降水结束在 8 月 30 日 16 时，洪水的预见期约为 28 h，洪峰相对误差为－17%。本研究采用的欧洲模式集合降水预报产品 50 组降水数据与蒋家集流域地面观测降水数据相比偏小，因而选用 75%过程线作为确定性过程线。若采用 8 月 28 日 20 时发布的集合预报数据，预报出 31 日的洪峰相对误差为－15%，在一定的误差允许范围内，预见期甚至可以延长到 3 d；若采用 29 日发布的集合预报数据，预见期相比 28 日缩短 1 d，但洪峰相对误差缩小到－7%，远小于采用地面观测降水模拟所得的－17%，精度明显提高。

**表 4.5　不同预见期集合预报过程线洪峰相对误差对比**

| 集合预报开始时间 | 实测洪峰 | 地面雨量计降水预报洪峰 | | 集合预报过程线洪峰 | | | |
|---|---|---|---|---|---|---|---|
| | | | | 5%过程线 | 75%过程线 | | 95%过程线 |
| | Q(m³/s) | Q(m³/s) | 相对误差 | Q(m³/s) | Q(m³/s) | 相对误差 | Q(m³/s) |
| 26 日 20 时 | 620 | 517 | －17% | 206 | 441 | －29% | 716 |
| 27 日 20 时 | | | | 225 | 452 | －27% | 752 |
| 28 日 20 时 | | | | 237 | 524 | －15% | 930 |
| 29 日 20 时 | | | | 361 | 574 | －7% | 821 |

结果表明，欧洲模式集合降水预报与水文模型耦合，可以提高洪水预警预报的精度，也可以延长洪水预报的预见期。采用天气预报和水文模型耦合的方式改进洪水预报性能是可行的，可以为防洪减灾提供科学决策依据。

## 4.5　小结

本章基于 CRPS 评估方法设计了集合预报性能评估方案，首先对 TIGGE 数据集中的欧洲模式集合降水预报在淮河流域的整体性能进行了评估，再分析不同子流域特性和季节对欧洲模式集合降水预报性能影响，进而分析了日内时间尺度的集合预报性能。采用欧洲模式集合降水预报产品驱动洪水预报模型进行洪水模拟预报试验。选择淮河蒋家集以上流域作为试验流域，与仅采用地面观测降水资料的模拟结果进行对比分析，探讨了欧洲模式集合降水预报在淮河流域洪水预报与预警中的实际应用效果，采用欧洲模式集合降水预报能使洪水预报精度提升，预见期也延长到 48 h。

（1）欧洲模式集合降水预报在汛期对面积小于 2 000 $km^2$、2 000～10 000 $km^2$、大于 10 000 $km^2$ 的子流域预测洪水能力分别为低、中、高，以高海拔地区为主的子流域例外。在非汛期，欧洲模式集合降水预报在小于 2 000 $km^2$ 的子流域没有表现出令人满意的技能，但在大于 2 000 $km^2$ 的子流域，能显示出一些合理的预报技巧。总体而言，中纬度流域的欧洲模式集合降水预报汛期预报性能优于非汛期。

（2）在每个子流域的预报技巧不同程度地取决于子流域的面积、年平均降水量、平均海拔三个水文地理特性，并且和季节有关。由于所得到的回归模型没有考虑欧洲模式集合降水预报 *CRPSS* 的总体变异性，还需要考虑其他影响预报性能的变量。无论什么季节，目前的预报模式解决小范围事件能力有限，在较大面积的子流域可以获得更佳的预报性能。在小面积的子流域，特别是那些面积小于 2 000 $km^2$ 的子流域，应用集合预报时需要格外小心。子流域年平均降水量越高，欧洲模式集合降水预报 *CRPSS* 越低。这意味着欧洲模式集合降水预报在多雨的子流域，特别是对极端事件的预报能力较差。在非汛期 *CRPSS* 相对较低，表明集合预报在旱季对于有无降水和降水范围缺乏预报技巧。子流域越少雨，要准确预报降水，预报模式就面临更多挑战。欧洲模式的 EPS 在中期降水预测中得到了令人满意的成果，但对极端降水和微量降水的预报能力仍需要提高。预报技巧还依赖于预见期和预报时段长度，预报性能随着预见期增加而变差；预报性能随着预报时段长度 3 h、6 h、12 h、24 h 的增长而有所改善，从 24 h 至 48 h 仅仅得到微小的改善。

（3）在汛期，所有 27 个子流域的日内时间尺度预报性能评分均显示出突出和一致的昼夜周期变化。集合预报性能改进从北京时间 11:00 至 23:00 提高，然后在未来 12 h 内下降。在非汛期，这种昼夜周期变化在日内时间尺度的时间间隔上也存在，尽管在 27 个子流域结果表现并不一致。地面观测降水的昼夜周期变化的原因仍然没有得到很好的解释。结果表明，欧洲模式集合降水预报不能成功地捕捉研究流域的降水夜间变化和 MCS，在日内时间尺度上欧洲模式的 EPS 不能很好地模拟降水动态变化。因此，现行预报模式所做出的日内时间尺度以下的集合降水预报不能为预报员提供有用信息。在日内时间尺度上，对于欧洲模式集合降水预报时段长度和不同季节的预报性能以及预报失误的原因需要未来进一步研究。

(4) 从欧洲模式集合降水预报提取在淮河蒋家集以上流域的预报数据并进行降尺度处理，以此驱动洪水预报模型，将模拟预报的结果与仅采用地面降水观测数据驱动模型的模拟结果进行对比分析。以 2008 年 8 月蒋家集流域典型洪水过程为例，模拟洪水过程，得到的洪水集合预报使洪水预报精度提升，预见期也延长到 48 h。

(5) 对于一些高分辨率的水文模型，集合预报的时间和空间尺度不能与之匹配，气象模式与水文模型耦合的尺度转换一直是水文气象耦合的热点和难点问题之一。由于预报模式以及预报初始场等因素，不同集合预报中心的预报精度也有差别。本研究采用欧洲模式集合降水预报产品所得到的 50 组降水数据较本流域实际降水数据偏小，因而选用 75%过程线作为确定性过程线。如何选择预报技巧更高的集合预报中心以及预报产品在该流域洪水预报的适用性和实用性也有待进一步研究。

## 参考文献

[1] LORENZ E N. Deterministic nonperiodic flow[J]. Journal of the Atmospheric Sciences, 1963, 20(2): 130-141.

[2] LORENZ E N. The predictability of a flow which possesses many scales of motion[J]. Tellus, 1969, 21(3): 289-307.

[3] LEITH C E. Theoretical skill of Monte Carlo forecasts[J]. Monthly Weather Review, 1974, 102(6): 409-418.

[4] BUIZZA R. The value of probabilistic prediction[J]. Atmospheric Science Letters, 2008, 9(2): 36-42.

[5] HAMILL T M, MULLEN S L, SNYDER C, et al. Ensemble forecasting in the short to medium range: Report from a workshop[J]. Bulletin of the American Meteorological Society, 2000, 81(11): 2653-2664.

[6] THIELEN J, SCHAAKE J, HARTMAN R, et al. Aims, challenges and progress of the Hydrological Ensemble Prediction Experiment (HEPEX) following the third HEPEX workshop held in Stresa 27 to 29 June 2007 [J]. Atmospheric Science Letters, 2008, 9(2): 29-35.

[7] CLOKE H L, PAPPENBERGER F. Ensemble flood forecasting: A review[J]. Journal of Hydrology, 2009, 375(3): 613-626.

[8] MOLTENI F, BUIZZA R, PALMER T N, et al. The ECMWF ensemble prediction system: Methodology and validation[J]. Quarterly Journal of the Royal Meteorological Society, 1996, 122(529): 73-119.

[9] BUIZZA R, MILLEER M, PALMER T. Stochastic representation of model uncertainties in the ECMWF ensemble prediction system[J]. Quarterly Journal of the Royal Meteorological Society, 1999, 125(560): 2887-2908.

[10] PAPPENBERGER F, BEVEN K J, RATTO M, et al. Multi-method global sensitivity analysis of flood inundation models[J]. Advances in Water Resources, 2008, 31(1): 1-14.

[11] BUIZZA R, HOLLINGSWORTH A, LALAURETTE F, et al. Probabilistic predictions of precipitation using the ECMWF ensemble prediction system[J]. Weather and Forecasting, 1999, 14(2): 168-189.

[12] PAPPENBERGER F, BOGNER K, WETTERHALL F, et al. Forecast convergence score: a forecaster's approach to analysing hydro-meteorological forecast systems[J]. Advances in Geosciences, 2011, 29: 27-32.

[13] PAPPENBERGER F, BEVEN K, HUNTER N, et al. Cascading model uncertainty from medium range weather forecasts (10 days) through a rainfall-runoff model to flood inundation predictions within the European Flood Forecasting System (EFFS)[J]. Hydrology and Earth System Sciences, 2005, 9(4): 381-393.

[14] PAPPENBERGER F, THIELEN J, DEL MEDICO M. The impact of weather forecast improvements on large scale hydrology: analysing a decade of forecasts of the European Flood Alert System[J]. Hydrological Processes, 2011, 25(7): 1091-1113.

[15] ROO A D, THIELEN J, SALAMON P, et al. Quality control, validation and user feedback of the European Flood Alert System (EFAS) [J]. International Journal of Digital Earth, 2011, 4(S1): 77-90.

[16] VOISIN N, PAPPENBERGER F, LETTENMAIER D P, et al. Application of a medium-range global hydrologic probabilistic forecast scheme to

the Ohio River Basin [J]. Weather and Forecasting, 2011, 26(4): 425-446.

[17] THIREL G, ROUSSET-REGIMBEAU F, MARTIN E, et al. On the impact of short-range meteorological forecasts for ensemble streamflow predictions[J]. Journal of Hydrometeorology, 2008, 9(6): 1301-1317.

[18] VELÁZQUEZ J, PETIT T, LAVOIE A, et al. An evaluation of the Canadian global meteorological ensemble prediction system for short-term hydrological forecasting [J]. Hydrology and Earth System Sciences, 2009, 13(11): 2221-2231.

[19] HE Y, WETTERHALL F, CLOKE H L, et al. Tracking the uncertainty in flood alerts driven by grand ensemble weather predictions[J]. Meteorological Applications, 2009, 16(1): 91-101.

[20] PAPPENBERGER F, RAMOS M H, CLOKE H L, et al. How do I know if my forecasts are better? Using benchmarks in hydrological ensemble prediction[J]. Journal of Hydrology, 2015, 522(3): 697-713.

[21] ALFIERI L, PAPPENBERGER F, WETTERHALL F, et al. Evaluation of ensemble streamflow predictions in Europe[J]. Journal of Hydrology, 2014, 517: 913-922.

[22] TAO Y M, DUAN Q Y, YE A Z, et al. An evaluation of post-processed TIGGE multimodel ensemble precipitation forecast in the Huai river basin [J]. Journal of Hydrology, 2014, 519(Part D): 2890-2905.

[23] YE J Y, HE Y, PAPPENBERGER F, et al. Evaluation of ECMWF medium-range ensemble forecasts of precipitation for river basins[J]. Quarterly Journal of the Royal Meteorological Society, 2014, 140(682): 1615-1628.

[24] REFSGAARD J C, ABBOTT M B. The role of distributed hydrological modelling in water resources management[A]//ABBOTT M B, REFSGAARD J C. Distributed hydrological modelling[C]. The Netherlands: Kluwer Academic Publishers, 1996.

[25] 叶金印，黄勇，张春莉，等. 近 50a 淮河流域汛期降水日数和强度的分布与变化特征[J]. 湖泊科学，2013，25(4)：583-592.

[26] XIE P P, YATAGAI A, CHEN M Y, et al. A gauge-based analysis of

daily precipitation over East Asia[J]. Journal of Hydrometeorology, 2007, 8(3): 607-626.

[27] HE Y, WETTERHALL F, BAO H J, et al. Ensemble forecasting using TIGGE for the July-September 2008 floods in the Upper Huai catchment: a case study[J]. Atmospheric Science Letters, 2010, 11(2): 132-138.

[28] YANG C, YAN Z W, SHAO Y H. Probabilistic precipitation forecasting based on ensemble output using generalized additive models and Bayesian model averaging[J]. Acta Meteorologica Sinica, 2012, 26(1): 1-12.

[29] LIU Y, DUAN Q Y, ZHAO L, et al. Evaluating the predictive skill of post-processed NCEP GFS ensemble precipitation forecasts in China's Huai river basin[J]. Hydrological Processes, 2013, 27(1): 57-74.

[30] BRÖCKER J. Evaluating raw ensembles with the continuous ranked probability score[J]. Quarterly Journal of the Royal Meteorological Society, 2012, 138(667): 1611-1617.

[31] HERSBACH H. Decomposition of the continuous ranked probability score for ensemble prediction systems[J]. Weather and Forecasting, 2000, 15(5): 559-570.

[32] TRINH B, THIELEN-DEL POZO J, THIREL G. The reduction continuous rank probability score for evaluating discharge forecasts from hydrological ensemble prediction systems[J]. Atmospheric Science Letters, 2013, 14(2): 61-65.

[33] YU R C, XU Y P, ZHOU T J, et al. Relation between rainfall duration and diurnal variation in the warm season precipitation over central eastern China[J]. Geophysical Research Letters, 2007, 34(13): 173-180.

[34] NESBITT S W, ZIPSER E J. The diurnal cycle of rainfall and convective intensity according to three years of TRMM measurements[J]. Journal of Climate, 2003, 16(10): 1456-1475.

[35] KAUFMANN P, SCHUBIGER F, BINDER P. Precipitation forecasting by a mesoscale numerical weather prediction (NWP) model: eight years of experience[J]. Hydrology and Earth System Sciences, 2003, 7(6): 812-832.

[36] GUICHARD F, PETCH J, REDELSPERGER J L, et al. Modelling the

diurnal cycle of deep precipitating convection over land with cloud resolving models and single-column models[J]. Quarterly Journal of the Royal Meteorological Society, 2004, 130(604): 3139-3172.

[37] WETTERHALL F, HE Y, CLOKE H, et al. Effects of temporal resolution of input precipitation on the performance of hydrological forecasting [J]. Advances in Geosciences, 2011, 29(29): 21-25.

[38] PARKES B, WETTERHALL F, PAPPENBERGER F, et al. Assessment of a 1-hour gridded precipitation dataset to drive a hydrological model: a case study of the summer 2007 floods in the Upper Severn, UK[J]. Hydrology Research, 2013, 44(1): 89-105.

[39] SCHAAKE J, PAILLEUX J, THIELEN J, et al. Summary of recommendations of the first workshop on Postprocessing and Downscaling Atmospheric Forecasts for Hydrologic Applications held at Météo - France, Toulouse, France, 15—18 June 2009[J]. Atmospheric Science Letters, 2010, 11(2): 59-63.

[40] 赵人俊. 流域水文模拟：新安江模型与陕北模型[M]. 北京：水利电力出版社，1984.

[41] BEVEN K J. A discussion of distributed hydrological modelling[M]. Berlin: Springer, 1996.

[42] 姚成. 基于栅格的分布式新安江模型构建与分析[D]. 南京：河海大学，2007.

[43] 水利部水文局，长江水利委员会水文局. 水文情报预报技术手册[M]. 北京：中国水利水电出版社，2010.

# 第五章

# 山洪预警组合指标方法及应用

## 5.1 概述

山洪灾害一直是特别严重的洪水灾害，因为预警提前量小，应对山洪暴发的反应时间短，骤发的高流速的山洪造成人员伤亡和财产损失也往往非常严重。在不同区域、不同流域特性和环境下，山洪灾害程度也有所不同[1]。有效进行山洪预警或者提高山洪预警的有效性是山洪研究的主要目标之一[2]。山洪预警准确率或有效性的提高依赖于降水观测网络的完善、气象预报水平的提高和水文方法的改进。山洪的诱发机制比较复杂，它是水文和气象因素共同作用的结果。也就是说，洪水的性质不仅受大气条件（它影响到降水强度和强降水持续时间）诱导，而且跟流域内与时间相关的水文状态（如土壤湿度）相关。山洪预报预警需要提供发生的时间和山洪流量等级，使得山洪预警较为困难复杂[3]。

强降水与山区地形地貌决定了山洪的突发性[4]，极端降水事情的难预测性以及山洪的暴发性是山洪预警的难点[5-6]。由于山洪具有流速快、预见期短等特点以及山洪资料短缺，山洪预报预警主要侧重在以避灾为目的的山洪预警方面，主要是基于雨量、洪水资料统计分析方法，研究暴雨山洪发生的统计规律，进而确定用于山洪预警的临界雨量。因为山区往往缺乏降水或水文资料，一般不能建立经验方法或者进行水文模型参数率定；即便对于有资料地区，也未必有足够预报和应对时间。若一个山区流域在一定时间内降水达到一定的量级，即降水强度达到一定大小，山区河流就会达到警戒水位甚至超过警戒水位，我们就认为这样一定时间内的降水量就是这一特定流域的山洪预警临界雨量。目前，临界雨量方法仍然是山洪预警主要技术手段。

应用最新的水文气象方法改进水文模拟能力是改进山洪预报方法的必然途径。山洪预警临界雨量指标的建立有多种方法，如国家防汛抗旱总指挥部办公室建议的“统计归纳法”[7]、流量反推法估算山洪临界雨量[8]、用内插法推求无资料地区的临界雨量[9]。但上述静态临界雨量方法只考虑了实效降水而没考虑流域土壤含水量在山洪形成中的作用，不同的降水量与不同的流域前期土壤含水量组合，对于山洪形成而言是不同的，也就是说在考虑流域前期土壤含水量情况下，建立考虑前期降水影响下的土壤含水量的山洪预警临界雨量指标比较合理，因为它考虑了下渗与产流机制[2,10]。美国水文研究中心研制的FFG(Flash Flood Guidance)系统[11]成功地应用了考虑前期降水情况的临界雨量方法，国内也有关于考虑前期降水的临界雨量的类似研究和成功的应用案例[12]，但对多源降水信息进行融合，提供高时空分辨率和监测精度的定量降水监测，进而建立基于定量降水监测的山洪预警方法的研究相对较少。

本章选取淠河流域上游作为研究区域，以新安江水文模型[13]为基础，提出了一种基于流域前期土壤含水量和实时降水量的山洪预警组合指标方法，并基于定量降水监测信息，进行山洪预警组合指标应用研究。

## 5.2 研究区域与资料

### 5.2.1 研究流域水文地理概况

淠河流域横排头水文站以上流域(以下简称横排头流域)为山地，而横排头流域以下属于淠河流域中下游，地势比较低平，因而山洪灾害频繁发生。横排头流域河流水系以及雨量站、水文站分布如图5.1所示。横排头流域集水面积为4 370 $km^2$，其中，响洪甸水库以及佛子岭水库，两部分集水面积之和为3 240 $km^2$，两水库与横排头水文站之间的集水区面积为1 130 $km^2$。本研究以此集水区为研究区域，以两座大型水库的来水作为水库以上区域的产汇流。

### 5.2.2 定量降水监测及水文资料

定量降水监测资料采用基于INCA系统的多源降水监测信息融合降水资料，空间分辨率为1 km×1 km，时间分辨率为1 h。面雨量采用网格算术平均法进行计算。

利用2003—2009年横排头流域出流站的流量、佛子岭和响洪甸两座水库的

图 5.1　横排头流域水系及水文站分布图

放水流量和息县水文站的蒸发资料，缺少蒸发资料的时间由人工设置日蒸发能力为 2 mm。

## 5.3　山洪预警组合指标技术思路

强降水是山洪最直接的诱发因素。由于山区往往缺乏资料，难以建立水文预报方案，或即使能建立水文预报方案，但因山洪预见期短，水文预报方案也难以具有时效性。因而，山洪临界雨量方法仍然是山洪预警最有效的方法之一，即在特定山区流域某时间段内累积降水量达到一定的阈值时就发布山洪预警[12]。这个阈值就是临界雨量。阈值定得过大，容易发生漏警；阈值定得过低，容易发生空警，临界雨量的确定直接关系到山洪预警效果。

上述的临界雨量方法常常出现“漏警”或“空警”的主要原因是山洪不仅与降水因素有关，还与流域前期土壤含水量密切相关。流域前期土壤含水量不同，同样的降水条件产生的径流量也不同。上述“静态”临界雨量因没考虑流域前期土壤含水量，往往预警效果不佳，考虑流域前期降水影响下的土壤含水量而建立的“动态”临界雨量方法因而引起人们的关注。本研究提出了一种综合考虑“实时”降水量和流域前期土壤含水量的山洪预警组合指标方法，图 5.2 为山洪预警组合指标流程示意图。

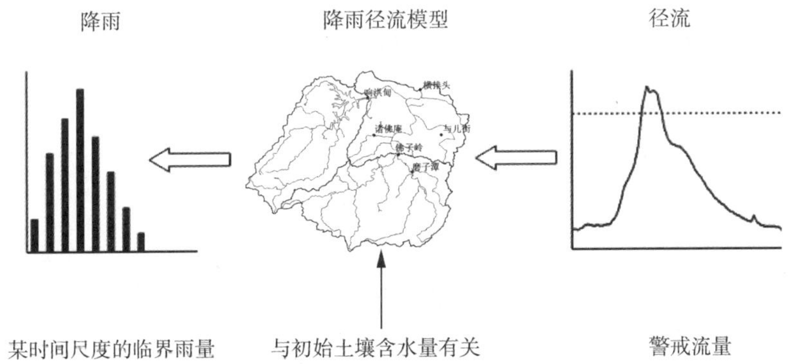


**图 5.2 山洪预警组合指标流程**

首先，统计洪水洪峰前 24 h 内各时间尺度最大累积雨量，以及最大累积雨量发生之前的土壤含水量饱和度，最大累积雨量以及土壤含水量饱和度统计流程如图 5.3 所示。

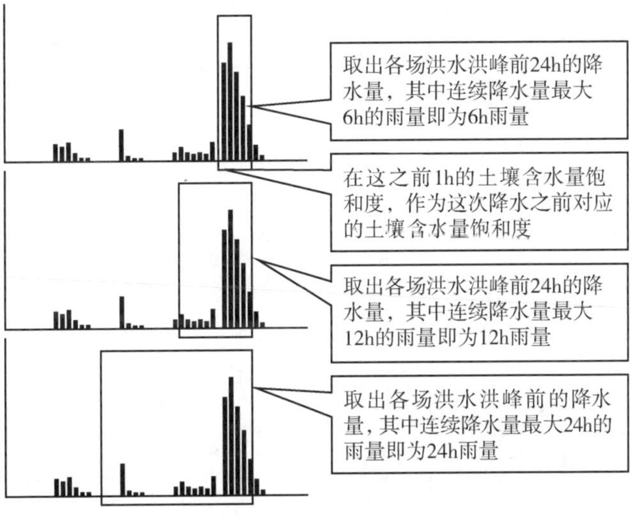


**图 5.3 组合指标选取示意图**

其次，将土壤含水量饱和度及最大累积雨量绘制成 $x-y$ 点据图，进而进行有或无山洪二分类模式判别，将土壤含水量饱和度及最大累积雨量组合点据用一条直线划分为有或无山洪两个状态空间，这条直线就是山洪预警组合指标判别函数。

## 5.4 山洪预警组合指标分析计算

### 5.4.1 新安江模型参数率定

山洪预报时段不宜选得过长，否则容易发生“漏警”。本研究选取 1 h 为预报时段长，即 $\Delta t = 1$ h 。选取 2003—2009 年横排头流域 17 场洪水(表 5.1)进行次洪模型参数率定，参数率定结果见表 5.2。

**表 5.1 横排头站历史洪水特征值**

| 洪水序号 | 洪水开始时间 | 洪水结束时间 | 峰现时间 | 实测洪峰流量($m^3/s$) |
|---|---|---|---|---|
| 1 | 2003-6-26 8:00 | 2003-6-29 8:00 | 2003-6-27 20:00 | 708 |
| 2 | 2003-7-4 8:00 | 2003-7-8 7:00 | 2003-7-6 3:00 | 1 040 |
| 3 | 2003-7-8 8:00 | 2003-7-16 8:00 | 2003-7-10 20:00 | 3 610 |
| 4 | 2003-9-5 8:00 | 2003-9-9 8:00 | 2003-9-7 8:00 | 309 |
| 5 | 2004-6-14 8:00 | 2004-6-18 7:00 | 2004-6-15 20:00 | 324 |
| 6 | 2004-6-18 8:00 | 2004-6-21 8:00 | 2004-6-19 20:00 | 456 |
| 7 | 2004-8-13 8:00 | 2004-8-21 8:00 | 2004-8-15 2:00 | 1 120 |
| 8 | 2005-8-22 8:00 | 2005-8-26 8:00 | 2005-8-24 6:00 | 446 |
| 9 | 2006-7-26 8:00 | 2006-7-30 12:00 | 2006-7-27 13:00 | 1 940 |
| 10 | 2006-8-7 8:00 | 2006-8-10 8:00 | 2006-8-8 20:00 | 274 |
| 11 | 2006-9-3 8:00 | 2006-9-7 8:00 | 2006-9-5 8:00 | 620 |
| 12 | 2007-7-22 8:00 | 2007-7-28 8:00 | 2007-7-24 7:00 | 208 |
| 13 | 2007-8-27 8:00 | 2007-8-30 10:00 | 2007-8-29 6:00 | 422 |
| 14 | 2008-6-21 8:00 | 2008-6-28 8:00 | 2008-6-23 6:00 | 480 |
| 15 | 2008-8-13 8:00 | 2008-8-19 20:00 | 2008-8-17 8:00 | 1 140 |
| 16 | 2008-8-28 8:00 | 2008-9-3 8:00 | 2008-8-29 23:00 | 862 |
| 17 | 2009-8-5 8:00 | 2009-8-8 21:00 | 2009-8-7 2:00 | 1 170 |

**表 5.2　新安江次洪模型参数率定值**

| 序号 | 参数意义 | 参数 | 参数值 |
|---|---|---|---|
| 1 | 蒸散发折算系数 | $K$ | 1.0 |
| 2 | 流域蓄水容量分布曲线指数 | $B$ | 0.30 |
| 3 | 深层蒸散发系数 | $C$ | 0.17 |
| 4 | 张力水容量（mm） | $WM$ | 129 |
| 5 | 上层张力水容量（mm） | $WUM$ | 23 |
| 6 | 下层张力水容量（mm） | $WLM$ | 60 |
| 7 | 不透水面积比例 | $IM$ | 0.01 |
| 8 | 自由水容量（mm） | $SM$ | 50 |
| 9 | 流域自由水容量分布曲线指数 | $EX$ | 1.2 |
| 10 | 地下水出流系数 | $KG$ | 0.05 |
| 11 | 壤中流出流系数 | $KI$ | 0.65 |
| 12 | 地下水消退系数 | $CG$ | 0.90 |
| 13 | 壤中流消退系数 | $CI$ | 0.75 |
| 14 | 河道汇流的马斯京根法演算参数 | $X$ | 0.014 |
| 15 | 河网水流消退系数 | $CS$ | 0.75 |
| 16 | 河网汇流滞时(h) | $L$ | 2 |

## 5.4.2　土壤含水量饱和度计算

本研究采用三水源新安江模型计算土壤含水量饱和度，其计算方法如下[14]：

$$土壤含水量饱和度 = wm_t / WM \tag{5.1}$$

式中：$wm_t$ 为某时刻的土壤含水量(mm)；$WM$ 为土壤张力水容量(mm)。

## 5.4.3　组合指标判别函数建立

本研究根据《淮河流域防汛水情手册》，将横排头站警戒流量 620 $m^3/s$ 定为山洪预警临界流量。将山洪预警的时间尺度划分为 6 h、12 h 以及 24 h，分别针对 3 个时间尺度建立基于流域前期土壤含水量饱和度和降水量的山洪预警组合指标。利用历史流域洪水资料系列，以是否超过警戒流量作为有或无山洪划分标准。针对3个时间尺度分别统计山洪发生前24 h的最大累积雨量；基于新安江模型计算最大累积雨量发生之前的流域土壤含水量饱和度。将土壤含水量饱和度和最大累积雨量作为组合指标，确定山洪预警组合指标。组合指标采用线性判别函数进行有或无山洪判别。

$$d(\boldsymbol{x}) = w_1 x_1 + w_2 x_2 + w_3 = \boldsymbol{w}'\boldsymbol{x} \tag{5.2}$$

$$d(\boldsymbol{x}) = \boldsymbol{w}'\boldsymbol{x}\begin{cases} > 0 \rightarrow \text{分类正确} \\ \leqslant 0 \rightarrow \text{分类错误} \end{cases} \tag{5.3}$$

如果组合指标的点据(有或无山洪)是线性可分的，则存在权矢量 $\boldsymbol{w}$ 使得不等式组：

$$\boldsymbol{w}'\boldsymbol{x}_i > 0 \quad i = 1, 2, \cdots, N \tag{5.4}$$

成立。

以土壤含水量饱和度和某时间尺度最大累积雨量建立 $X-Y$ 坐标系，坐标系中其实就是一系列二分类状态的点据信息，即有、无山洪两种状态。若能采用一种客观方法建立判别函数，就可利用土壤饱和度和某时间尺度最大累积雨量进行山洪预警。本研究采用基于最小均方差准则的 W-H (Widrow-Hoff)算法[15]，建立山洪预警组合指标判别函数(有或无山洪二分类临界线)。W-H 算法在相关文献已有详细说明，本书不再赘述。

6 h、12 h、24 h 3个时间尺度的最大累积雨量及流域土壤含水量饱和度组合指标判别函数如图5.4～图5.6所示。

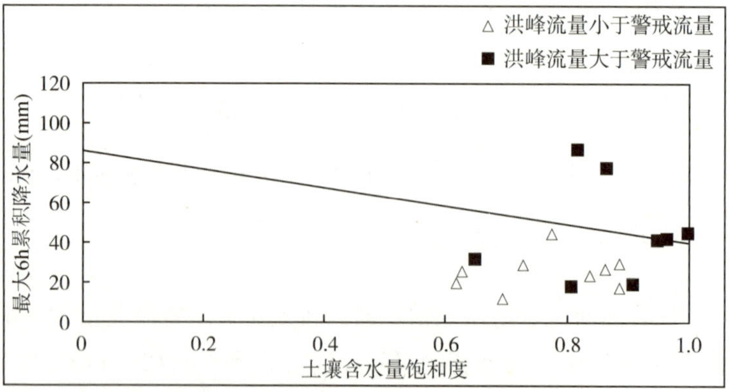


**图 5.4　6 h组合指标判别函数**

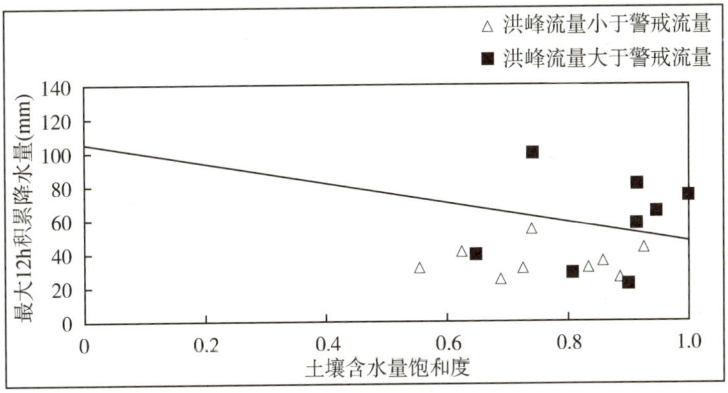


**图 5.5　12 h 组合指标判别函数**

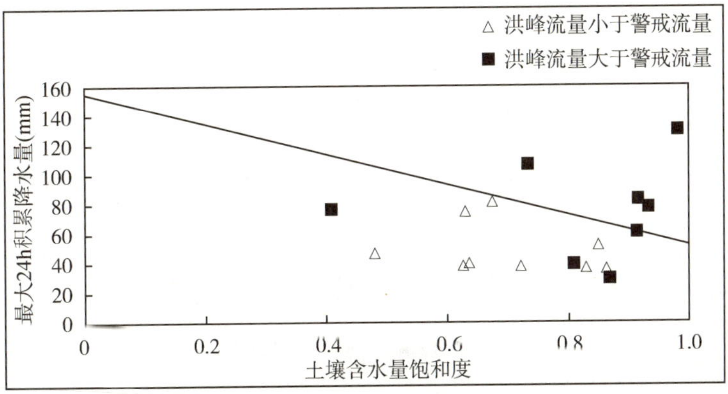


**图 5.6　24 h 组合指标判别函数**

由上图可知，6 h、12 h、24 h 时间尺度的判别函数斜率逐渐增大，土壤含水量饱和度的影响逐渐增大。这一现象说明因突发性强降水造成的山洪暴发受前期土壤含水量饱和度影响较小，而由持续性降水造成的山洪受前期土壤含水量饱和度影响较大。

### 5.4.4　山洪预警组合指标方法应用分析

从历史洪水资料序列中选取 10 场历史洪水进行山洪预警组合指标方法的独立性应用检验。任意选择预警时间点，根据组合指标判别函数得出组合指标临界雨量，进而判断是否进行山洪预警；若实际流量达到警戒流量，则预警正确；否则预警错误。各时间尺度山洪预警组合指标方法检验结果见表 5.3～表 5.5。

对于 6 h 时间尺度，10 场洪水中有 7 场洪水的山洪预警组合指标方法预警正确，3 场洪水预警失误，山洪预警组合指标方法正确率达 70%（表 5.3）。

**表 5.3　6 h 组合指标检验结果**

| 洪水序号 | 预警时间 | 时段内最大流量（$m^3/s$） | 土壤含水量饱和度 | 临界雨量（mm） | 降水量（mm） | 是否预警 | 是否正确 |
|---|---|---|---|---|---|---|---|
| 1 | 2003-6-23 9:00 | 116 | 0.82 | 47.95 | 12.11 | 否 | √ |
| 2 | 2004-5-30 9:00 | 270 | 0.95 | 42.01 | 42.33 | 是 | × |
| 3 | 2005-9-2 18:00 | 778 | 0.84 | 47.04 | 42.11 | 否 | × |
| 4 | 2005-9-2 20:00 | 1 180 | 0.84 | 47.04 | 49.42 | 是 | √ |
| 5 | 2005-9-2 17:00 | 580 | 0.83 | 47.49 | 38.44 | 否 | √ |
| 6 | 2007-7-17 1:00 | 165 | 0.95 | 42.01 | 11.56 | 否 | √ |
| 7 | 2008-7-8 19:00 | 208 | 0.96 | 41.55 | 5.39 | 否 | √ |
| 8 | 2009-6-30 3:00 | 640 | 1.00 | 39.72 | 19.25 | 否 | × |
| 9 | 2009-7-30 9:00 | 213 | 0.99 | 40.18 | 21.05 | 否 | √ |
| 10 | 2009-8-1 5:00 | 310 | 0.98 | 40.63 | 18.67 | 否 | √ |

对于 12 h 时间尺度，10 场洪水中有 7 场洪水的山洪预警组合指标方法预警正确，3 场洪水预警失误，山洪预警组合指标方法正确率达 70%（表 5.4）。

**表 5.4　12 h 组合指标检验结果**

| 洪水序号 | 预警时间 | 时段内最大流量（$m^3/s$） | 土壤含水量饱和度 | 临界雨量（mm） | 降水量（mm） | 是否预警 | 是否正确 |
|---|---|---|---|---|---|---|---|
| 1 | 2003-6-23 19:00 | 274 | 0.80 | 58.58 | 13.12 | 否 | √ |
| 2 | 2004-5-30 9:00 | 324 | 0.73 | 62.59 | 50.41 | 否 | √ |
| 3 | 2004-5-30 7:00 | 306 | 0.70 | 64.31 | 57.71 | 否 | √ |
| 4 | 2005-8-29 19:00 | 256 | 0.77 | 60.30 | 21.89 | 否 | √ |
| 5 | 2005-9-2 13:00 | 977 | 0.79 | 59.15 | 66.52 | 是 | √ |
| 6 | 2007-7-16 21:00 | 174 | 0.92 | 51.70 | 22.05 | 否 | √ |
| 7 | 2008-7-8 19:00 | 246 | 0.96 | 49.40 | 5.79 | 否 | √ |
| 8 | 2009-6-29 21:00 | 640 | 0.99 | 47.68 | 46.61 | 否 | × |
| 9 | 2009-6-29 16:00 | 422 | 0.92 | 51.94 | 64.95 | 是 | × |
| 10 | 2009-6-29 20:00 | 596 | 0.98 | 48.26 | 48.39 | 是 | × |

对于 24 h 时间尺度，10 场洪水中有 8 场洪水的山洪预警组合指标方法预警正确，2 场洪水预警失误，山洪预警组合指标方法正确率达 80%(表 5.5)。

**表 5.5　24 h 组合指标检验结果**

| 洪水序号 | 预警时间 | 时段内最大流量($m^3/s$) | 土壤含水量饱和度 | 临界雨量(mm) | 降水量(mm) | 是否预警 | 是否正确 |
|---|---|---|---|---|---|---|---|
| 1 | 2003-6-23 7:00 | 274 | 0.68 | 85.17 | 40.76 | 否 | √ |
| 2 | 2004-5-29 21:00 | 324 | 0.67 | 86.19 | 67.24 | 否 | √ |
| 3 | 2005-9-2 1:00 | 977 | 0.79 | 73.97 | 70.34 | 否 | × |
| 4 | 2005-9-2 23:00 | 778 | 0.86 | 66.85 | 61.51 | 否 | × |
| 5 | 2005-9-2 4:00 | 1 570 | 0.79 | 73.97 | 97.61 | 是 | √ |
| 6 | 2007-7-14 8:00 | 182 | 0.67 | 86.19 | 25.32 | 否 | √ |
| 7 | 2008-7-8 13:00 | 246 | 0.95 | 57.69 | 12.41 | 否 | √ |
| 8 | 2009-6-29 8:00 | 640 | 0.77 | 76.01 | 109.87 | 是 | √ |
| 9 | 2009-6-29 20:00 | 731 | 0.98 | 54.64 | 71.38 | 是 | √ |
| 10 | 2009-8-29 7:00 | 366 | 0.90 | 62.78 | 49.59 | 否 | √ |

从检验结果可以看出，山洪预警组合指标方法的预警合格率均超过 70%，具有较好的预警效果。山洪预警组合指标方法预警失误的洪水场次对应的组合指标临界雨量和实际降水量值相差很小，在判别函数附近。这是由二分类判别函数的固有局限性造成的，判别函数附近本来就有不同的状态，判别函数仅仅是一种忽略次要矛盾而将复杂问题简单化，以便于抓住问题本质的技术手段。

分析预警失误实例发现，在判别函数附近容易发生预警失误，当实际降水量略低(高)于组合指标临界雨量时，山洪预警组合指标方法容易发生漏(空)报。在实际业务应用中，还要综合其他气象水文要素进行综合判断，以减少预警失误。

利用多源降水监测信息，滚动计算从 1 h 到 24 h 各时间尺度实况和预报累积面雨量，可以延长山洪预警的预见期，如图 5.7 所示。

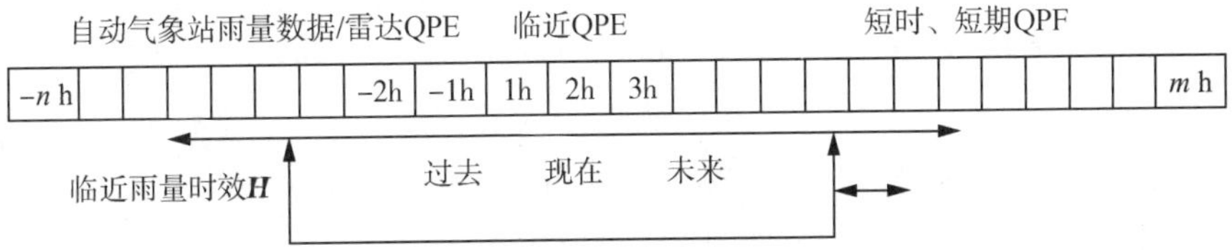


**图 5.7　结合多源降水信息的山洪预警组合指标示意图**

## 5.5 小结

本章选取淠河流域上游作为研究区域，以新安江水文模型为基础，提出了一种基于流域前期土壤含水量和实时降水量的山洪预警组合指标方法，并基于定量降水监测信息，进行山洪预警组合指标应用研究。

(1) 利用土壤含水量饱和度和降水量建立的山洪预警组合指标方法不仅考虑实况降水，而且考虑到前期土壤含水量，因而比传统山洪预警"静态"临界雨量方法具有优势。利用基于 INCA 系统的多源降水信息定量降水监测资料以及 17 场典型洪水过程资料，得出了横排头流域山洪预警组合指标判别函数，进而得出组合指标临界雨量。

(2) 基于组合指标的山洪预警方法应用检验合格率均超过 70%，具有较好的应用效果。山洪预警组合指标方法预警失误的洪水场次对应的组合指标临界雨量和实际降水量相差很小，在判别函数附近。这是由二分类判别函数的固有局限性造成的，判别函数附近本来就有不同的状态，判别函数仅仅是一种忽略次要矛盾而将复杂问题简单化，以便于抓住问题本质的技术手段。尽管山洪预警组合指标方法仅以横排头流域为研究区域进行了应用研究，但这种考虑组合指标的山洪预警技术思路可以为其他地区的山洪预警方法提供借鉴。

(3) 分析洪水预警失误实例发现，在组合指标判别函数附近容易发生预警失误。当实际降水量略低(高)于组合指标临界雨量时，山洪预警组合指标方法容易发生漏(空)报。在实际业务应用中，还要综合其他气象水文要素进行综合判断，以减少预警失误。利用多源降水监测信息，滚动计算从 1 h 到 24 h 各时间尺度实况和预报累积面雨量，可以延长山洪预警的预见期。

## 参考文献

[1] GEORGAKAKOS K P. A generalized stochastic hydrometeorological model for flood and flash - flood forecasting: 1. Formulation[J]. Water Resources Research, 1986, 22(13): 2083-2095.

[2] GEORGAKAKOS K P. Analytical results for operational flash flood guidance[J]. Journal of Hydrology, 2006, 317(1-2): 81-103.

[3] DOSWELL Ⅲ C A, BROOKS H E, MADDOX R A. Flash flood forecas-

ting: An ingredients-based methodology[J]. Weather and Forecasting, 1996, 11(4): 560-581.

[4] COLLIER C. Flash flood forecasting: What are the limits of predictability? [J]. Quarterly Journal of the Royal Meteorological Society, 2007, 133(622): 3-23.

[5] 乔建平. 山洪、滑坡、泥石流灾害监测预警[J]. 中国减灾, 2006, 6(6): 13-15.

[6] 叶金印, 姚成, 李京兵, 等. 基于数字高程模型的流域地貌特征提取及其规律研究[J]. 水电能源科学, 2012, 30(9): 63-65+84.

[7] 陈桂亚, 袁雅鸣. 山洪灾害临界雨量分析计算方法研究[J]. 人民长江, 2005(12): 40-43+54.

[8] 叶勇, 王振宇, 范波芹. 浙江省小流域山洪灾害临界雨量确定方法分析[J]. 水文, 2008, 28(1): 56-58.

[9] 张玉龙, 王龙, 李靖, 等. 云南省山洪灾害临界雨量空间插值分析方法研究[J]. 云南农业大学学报, 2007, 22(4): 570-573+581.

[10] CARPENTER T M, SPERFSLAGE J A, GEORGAKAKOS K P, et al. National threshold runoff estimation utilizing GIS in support of operational flash flood warning systems[J]. Journal of Hydrology, 1999, 224(1-2): 21-44.

[11] MARTINA M, TODINI E, LIBRALON A. Rainfall thresholds for flood warning systems: a Bayesian decision approach[A]//Hydrological Modelling and the Water Cycle[C]. Springer, 2008: 203-227.

[12] 刘志雨, 杨大文, 胡健伟. 基于动态临界雨量的中小河流山洪预警方法及其应用[J]. 北京师范大学学报(自然科学版), 2010, 46(3): 317-321.

[13] 赵人俊. 流域水文模拟: 新安江模型与陕北模型[M]. 北京: 水利电力出版社, 1984.

[14] 叶金印, 李致家, 常露. 基于动态临界雨量的山洪预警方法研究与应用[J]. 气象, 2014, 40(1): 101-107.

[15] 孙即祥. 现代模式识别[M]. 长沙: 国防科技大学出版社, 2002.